Rauchen

David Krogh

Rauchen

Sucht und Leidenschaft

Aus dem Englischen übersetzt
von Brigitte Dittami

Spektrum Akademischer Verlag Heidelberg · Berlin · Oxford

Originaltitel: Smoking
Aus dem Englischen übersetzt von Brigitte Dittami

Amerikanische Originalausgabe bei W. H. Freeman and Company, New York,
New York and Oxford

Die Deutsche Bibliothek – CIP-Einheitsaufnahme

Krogh, David:
Rauchen : Sucht und Leidenschaft / David Krogh. Aus dem Engl. übers. von Brigitte Dittami. – Heidelberg ; Berlin ; Oxford : Spektrum, Akad. Verl., 1993
Einheitssacht.: Smoking <dt.>
ISBN 3-86025-189-9

Lektorat: Ursula Loos
Redaktion: Volker Doberstein
Produktion: Susanne Tochtermann
Einbandgestaltung: Claus Rieger, Heidelberg
Gesamtherstellung: Druckhaus Beltz, Hemsbach

Spektrum Akademischer Verlag Heidelberg · Berlin · Oxford

EIN VERLAG DER SPEKTRUM FACHVERLAGE GMBH

Für meine Mutter
und in Erinnerung an meinen Vater

Inhalt

Einführung

Die Nikotinabhängigkeit ist weltweit der Feind Nummer eins der Volksgesundheit: Sie verursacht pro Jahr zwei Millionen vermeidbare Todesfälle. Das Rauchen, die Zufuhr von Nikotin, ergreift gewöhnlich in der frühen Jugend von seinen Opfern Besitz und wird sehr schnell zu einem integrativen Bestandteil ihres Lebensstils. Die Popularität des Rauchens ist verständlich. Wie keine andere stimmungsverbessernde Droge ist Nikotin in leicht zugänglicher, billiger und legaler Form verfügbar – als Zigarette. Schon das Ritual des Anzündens und Rauchens einer Zigarette verleiht ein Gefühl der Gelassenheit und Sicherheit, und jede Zigarette fördert die Abhängigkeit des Rauchers, weil sie sein Verlangen sofort befriedigt. Leider atmet der Raucher, während er sich dieser angenehmen Tätigkeit hingibt, auch all die krebserzeugenden und anderen giftigen Substanzen ein, die bei der Verbrennung des Tabaks entstehen.

Als Chirurg an einer großen Krebsklinik, in der 30 Prozent der erwachsenen Patienten wegen der Folgen des Rauchens behandelt werden müssen, kenne ich die grausamen Auswirkungen der Nikotinsucht: nicht nur Lungenkrebs, sondern auch Krebsgeschwüre in Mund, Kehlkopf, Speiseröhre, Blase, Gebärmutterhals und Niere. Im allgemeinen machen Krebsspezialisten die Erfahrung, daß neun von zehn Patienten das Rauchen sofort aufgeben, wenn sie hören, daß sie an einer durch Tabakgenuß verursachten Krebsform leiden. Diese Patienten geben aber auch freimütig zu, daß sie es zwei Wochen vor der Diagnose noch für unmöglich gehalten hätten, mit dem Rauchen aufzuhören, wenn sie dazu aufgefordert worden wären. Die restlichen zehn Prozent sind derart nikotinabhängig, daß sie sogar weiterrauchen, nachdem ihnen beispielsweise eine vom Krebs befallene Lunge oder der Kehlkopf operativ entfernt wurde. Es gibt kein abschreckenderes Beispiel für die Macht des Nikotins als einen Patienten, der nach der Entfernung seines Kehlkopfes mit einer permanenten Öffnung im Hals leben muß und sich eine Vorrichtung ausdenkt, die er in das Loch stecken kann, damit die Zigarette hält.

Eine bösartige Krankheit ist natürlich nur eine der bedauerlichen Folgen des Rauchens. Manche Patienten mit Herzinfarkten, Gefäßerkrankungen und Emphysemen – oft sekundäre Folgen des Rauchens – können sich ebenfalls nicht von ihrer Sucht befreien. Sie rauchen weiter, obwohl ihren funktionsuntüchtigen Lungen und Herzen über einen Schlauch Sauerstoff zugeführt werden muß.

In Amerika ist dank der breit angelegten öffentlichen Aufklärungsarbeit während der letzten Jahre inzwischen allgemein bekannt, wie gefährlich das Rauchen sein kann. 20 Millionen Amerikaner haben die Gefahren ernst genug genommen, um das Rauchen aufzugeben. Rund 50 Millionen ihrer Landsleute rauchen jedoch weiterhin. Drei von vier Rauchern würden gern aufhören, schaffen es aber nicht. Worin also besteht die Macht des Nikotins, die es Rauchern trotz aller Informationen in den Medien, Warnungen auf Zigarettenschachteln, Ratschlägen von Ärzten und sonstigen medizinischen Fachleuten sowie Appellen von Freunden und Verwandten anscheinend unmöglich macht, sich von ihrer Abhängigkeit zu befreien?

In diesem Buch hat David Krogh viele Erkenntnisse aus der umfangreichen Forschung über diese Droge, die so verbreitet ist und zugleich so verheerende Auswirkungen hat, zusammengefaßt. Er beschreibt auf klar verständliche Weise die komplexen physiologischen und psychologischen Grundlagen für das Suchtverhalten. Er beschäftigt sich mit der Frage, ob „Nikomanen" für ihre Sucht genetisch vorprogrammiert sind, ob eher Extrovertierte oder eher Introvertierte zum Rauchen neigen beziehungsweise leichter wieder damit aufhören können. Außerdem untersucht Krogh die Rolle der sozialen Gepflogenheiten für die Fortdauer der Tabakabhängigkeit. Er greift die Ansicht einiger Forscher auf, es gebe Zentren im Gehirn, die das impulsive oder zwanghafte Verhalten bei Sucht nicht nur nach Nikotin, sondern auch nach anderen Drogen steuern. (Es liegt auf der Hand, daß die Entwicklung eines Medikaments oder eines anderen medizinischen Verfahrens, das auf diese Zentren einwirken und somit die „künstliche Leidenschaft" kontrollieren könnte, einen der wirklich großen Beiträge zur Erhaltung der

Gesundheit des Menschen und zur Verlängerung seiner Lebenserwartung darstellen würde.)

Kroghs Buch ist keine langatmige Auflistung erfolgreicher oder auch erfolgloser Methoden, sich das Rauchen abzugewöhnen. Statt dessen zieht er geschickt das heutige Wissen über die Auswirkungen des Nikotins heran, um zu erklären, welche Schwierigkeiten auftreten können, wenn man mit dem Rauchen aufhören möchte. Er hebt zu Recht hervor, daß Menschen, die in ihren Bemühungen, das Rauchen aufzugeben, einen Rückschlag erleiden, sich nicht entmutigen lassen oder sich schuldig fühlen sollten. Denn vom Rauchen loszukommen, setzt einen Lernprozeß voraus, wobei man, wie bei anderen Lernprozessen auch, durchaus von wiederholten Versuchen profitieren kann. Schließlich lehrt die Erfahrung, wie man Fehler vermeidet, die zu Rückschlägen führen.

Krogh vertritt die Ansicht, daß nikotinhaltiger Kaugummi helfen könnte, wo andere Methoden versagen. Anstelle einer Zigarette kann er die geringen Mengen Nikotin liefern, nach denen der Körper des Rauchers verlangt, und dadurch die akuten und oft schwer erträglichen Symptome mildern, die ein plötzlicher Entzug mit sich bringt. (Diese Symptome unterscheiden, nebenbei bemerkt, die Sucht von der Gewohnheit.) Der Kaugummi durchbricht außerdem das Ritual, eine Zigarette aus der Packung zu nehmen, mit ihr ein- oder zweimal auf die Tischplatte zu klopfen, sie in den Mund zu stecken, nach einem Streichholz zu greifen und sie anzuzünden. So kann vermieden werden, daß Raucher krebserzeugende Stoffe inhalieren. Zwar werden sie oft von der Nikotindosis abhängig, die ihnen der Kaugummi liefert, und behalten das Kauen über viele Monate hinweg bei, doch wenn dadurch das Ritual des Rauchens abgelöst wird, kann diese Abhängigkeit in Kauf genommen werden.

Krogh präsentiert seine kenntnisreiche Analyse der komplexen Mechanismen der Nikotinabhängigkeit in einem sehr ansprechenden, humorvollen Stil – er unterhält und informiert zugleich. Ex-Raucher werden davon fasziniert sein, die Motive für das Rauchen zu erkennen und die Gründe dafür nachzuvollziehen, warum ihnen das Aufhören so schwer gefallen ist. Diejenigen, die das Rauchen aufgeben wollen, werden mehr über jene unerbittliche Kraft erfahren, die sie zur Zigarette greifen läßt. Keineswegs das geringste Verdienst dieses Buches wird sein Nutzen als wertvolle Informationsquelle für Menschen sein, die im Bereich der gesundheitlichen Aufklärung oder in der Anti-Tabak-Bewegung tätig sind. Und natürlich wird das Buch Experten für Krebserkrankungen, Herz- und Lungenspezialisten, Geburtshelfer und Kinderärzte ansprechen, die ständig mit den fatalen Folgen der künstlichen Leidenschaft konfrontiert sind. Ich bin sicher, diese Ärzte werden David Krogh ebenso wie ich dankbar für seinen Beitrag zum Verständnis der vielen Faktoren sein, die für das verantwortlich sind, was Charles Lemaistre, der frühere Vorsitzende der American Cancer Society, einmal »eines der traurigsten Beispiele destruktiven Verhaltens in der Geschichte der Menschheit« genannt hat.

Dr. med. William G. Cahan

Vorwort

Die Frage, warum Menschen rauchen, interessierte mich anfangs wegen des Paradoxons, das sie enthält. Mir kam das Rauchen sowie seine Motivationen wie ein großer, blauer Elefant in der Mitte des Wohnzimmers vor, der seltsamerweise von allen Anwesenden ignoriert wurde.

Damals – vor nunmehr einigen Jahren – dachte ich: Diese teuere, schmutzige und tödliche Gewohnheit ist bis in den letzten Winkel der Erde vorgedrungen und reicht zeitlich weiter zurück als manche Religion, doch man weiß nur wenig darüber, warum Menschen ihr anhängen. Mehr noch: Niemand scheint sich über diesen Mangel an plausiblen Erklärungen zu wundern. Wenn Millionen von Amerikanern plötzlich anfangen würden, sich regelmäßig vor Auspuffrohre zu legen, um eine Lunge voll schlechter Luft zu erhaschen, wäre das Interesse an den Gründen für dieses Verhalten groß. Doch es schien mir, daß das Rauchen – nicht weniger irrational – einfach deshalb nicht viel Neugier hervorrief, weil es schon so lange und an so vielen Orten üblich war.

Raucher konnten mir keine Erklärung für ihre Gewohnheit geben. Es ist ihnen selbst ein Rätsel, warum sie sich in bestimmten Zeitabständen dem Ritual des Ein- und Ausatmens von Tabakrauch hingeben müssen. Sie fanden selbst dann keine Erklärung für ihr Verhalten, als ihnen die Lust auf eine Zigarette am deutlichsten vor Augen stand, nämlich als sie versuchten, sich das Rauchen abzugewöhnen. So traf ich sie zumeist nach einer, zwei oder vier Wochen wieder rauchend an und erfuhr, daß sie wieder zum Glimmstengel gegriffen hatten, weil ... tja, weil das Rauchen etwas habe, auf das sie einfach nicht *verzichten könnten*. Gäbe es darüber hinaus keine Ungereimtheiten, hätte ich wahrscheinlich nur mit den Achseln gezuckt und mich einfach weiterhin über die eigenartigen Gewohnheiten der Menschen gewundert. Aber natürlich sind da noch die *Auswirkungen* dieses seltsamen Verhaltens, womit ich das fast unglaubliche Gemetzel meine, das es unter den Menschen anrichtet. Von all den Statistiken über das Rauchen sollte man sich die folgende merken: 1000 Amerikaner werden heute daran sterben. Wie ein Vertreter der amerikanischen Gesundheitsbehörden kürzlich bemerkte, wird das Rauchen dieses Jahr (und nächstes und übernächstes) mehr Amerikanern das Leben kosten als AIDS, Heroin, Crack, Alkohol, Autounfälle, Feuer und Mord zusammen. Keine andere alltägliche Handlung der Amerikaner kann sich mit dem Rauchen als grausamem Schnitter messen.

Vor diesem Hintergrund können wir einen bemerkenswerten Wandel feiern, der in letzter Zeit in den Rauchgewohnheiten von Amerikanern der Mittelschicht eingetreten ist: Das Rauchen verschwindet aus ihren Büros, Zügen, Restaurants und aus den Wohnungen ihrer Freunde – kurz, aus ihrem gesamten Leben. Dieser Wandel kann wahrhaftig als revolutionär bezeichnet werden, da er meines Wissens nirgendwo auf der Erde einen geschichtlichen Vorläufer hat.

Durch eine Überschätzung dieses Umstands könnte jedoch das falsche Gefühl erweckt werden, das Rauchen sei dabei, gänzlich zu verschwinden – aus Amerika, wenn nicht gar aus der Welt. Tatsächlich aber verschwindet das Rauchen lediglich aus einer bestimmten Gruppe in einem bestimmten Land. Sogar in Amerika werden nach günstigsten Schätzungen im Jahr 2000 noch etwa 22 Prozent der Erwachsenen rauchen (statt der heutigen rund 27 Prozent). Und im überwiegenden Teil der restlichen Welt steigt die Zahl der Raucher, statt zu fallen. Demnach wird das Rauchen noch bis weit in das 21. Jahrhundert hinein seinen Tribut fordern.

Diese Zahlen, zusammen mit den geschilderten Paradoxien, haben mich vor einigen Jahren dazu veranlaßt, mit der Durchforstung der gewaltigen Menge an wissenschaftlicher Literatur zu beginnen, die zu den Beweggründen von Rauchern vorliegt. Ich hoffe, daß aus dieser Wagenladung Papier ein Bericht hervorgegangen ist, der verständlich macht, warum Menschen überhaupt Tabak rauchen. Wie sich jedoch zeigen wird, behandelt dieses Buch den Gebrauch von Drogen im allgemeinen; eingebettet in *dieses* Hauptthema sind Ausführungen über das menschliche Nervensystem, die Persönlichkeit oder die Genetik.

Daneben ist hier meiner Meinung nach auch eine anspruchsvolle Lektion über die verschiedenen physiologischen und psychologischen Zustände angebracht, die von Menschen als angenehm empfunden werden. Ich denke, daß wir im Grunde weniger am Außergewöhnlichen als am Normalen interessiert sind. Unser Hauptbestreben richtet sich nicht darauf, wie wir für kurze Zeit *ein anderer sein* können, sondern wie wir *wir selbst* bleiben können. Bemerkenswert ist dabei, welche Gefahr wir auf uns zu nehmen bereit sind, um dies zu erreichen.

Ich habe mich in diesem Buch an das wissenschaftliche Paradigma gehalten, als existierte kein anderes Erklärungsmodell. Zweifellos gibt es mythologische, volkskundliche und literarische Erklärungen der Motive eines Rauchers, doch der Leser wird sie hier nicht finden. Ich gehe davon aus, daß wir über ein Thema wie das Rauchen nur das wirklich *wissen* können, was wir durch die wissenschaftliche Mangel gedreht haben. Ich habe nicht gezögert, über viele Dinge im Zusammenhang mit dem Rauchen zu spekulieren, ich habe aber versucht, meine Vermutungen als solche zu kennzeichnen.

Einige Aspekte dieses Buches – zum Beispiel die Frage, wie ein Wissenschaftler eine bestimmte Erklärung fand, oder warum er einen gewissen Versuch durchführte – mögen ein wenig ermüdend sein, doch ich rate Ihnen: Halten Sie durch; Ihre Ausdauer wird belohnt werden. Wenn ich im Text davon spreche, daß jemand etwas in einem bestimmten Jahr entdeckte, so soll das bedeuten, daß er in diesem Jahr eine wissenschaftliche Arbeit zum Thema veröffentlicht hat. Wo unterschiedliche wissenschaftliche Ergebnisse miteinander konkurrieren, habe ich das Hin und Her der Auseinandersetzung oft übergangen und es vorgezogen, diejenige Meinung darzustellen, die sich meiner Ansicht nach bis auf weiteres als die überlegene erwiesen hat.

Der Titel dieses Buches stammt aus einem Brief, den John Quincy Adams 1845 an einen gewissen Reverend Samuel H. Cox in Brooklyn geschrieben hat, der damals gerade an einer Einführung zu einem Buch über den „Tabak und seine Geheimnisse“ arbeitete. Adams erzählt darin, wie er als junger Mann vom Rauchen und Tabakkauen abhängig war, sich dann aber entschloß, gegen seine Sucht zu kämpfen, und nach drei Monaten spürte, daß er es geschafft hatte.

»Ich habe mir oft gewünscht«, schrieb er, »daß jeder Mensch, der von dieser künstlichen Leidenschaft befallen ist, es über sich bringen könnte, nur drei Monate lang den gleichen Versuch zu unternehmen wie ich, denn ich bin sicher, dies würde jeden Morgen Tabakland in ein Weizenfeld verwandeln und die durchschnittliche Lebensdauer der Menschen um fünf Jahre erhöhen.« Hehre Gedanken, damals wie heute.

* * *

Dieses Buch kam auf altmodische Weise zustande: ohne Stipendien, dienstfreie Semester oder Sonderurlaub. Es gibt jedoch einige *Individuen*, die dieses Projekt unterstützt haben, und ich möchte ihnen auf diesem Wege danken. Da wären zunächst MELVYL und MEDLINE – zwei Computerdatenbanken an der Bibliothek der University of California. Obwohl in ihren Umgangsformen etwas reserviert, leisteten sie mir doch unermüdlich Beistand und waren für meine Arbeit unentbehrlich. Corless Smith, Neil Smelser, Jerry Keleher und Jed Rose unterstützten mich mit detaillierter, konstruktiver Kritik und Ermutigung, was ich sehr geschätzt habe. Ich danke Diana Siemens für das einfühlsame Redigieren des Manuskripts. Die Bibliothekarin Barbara Glendenning war mir bei der Suche nach Literatur außerordentlich behilflich. Das Federal Office on Smoking and Health hielt eine Fülle bibliographischer Informationen bereit. Eine Anzahl von Wissenschaftlern, die auf dem Gebiet der Drogenforschung arbeiten, stellten sich für lange Gespräche zur Verfügung; hier möchte ich vor allem Jack Henningfield und Roy Wise erwähnen. Tom Wangerins Ratschläge waren unschätzbar. Schließlich danke ich Joseph Ewing vom Verlag W. H. Freeman and Company, der an dieses Buch glaubte, und Anne Marshall, die an meine Fähigkeit glaubte, es zu schreiben.

David Krogh
Kensington, Kalifornien
Mai 1991

Man könnte sagen, daß das wahre Leben beim Unscheinbaren beginnt – wo Veränderungen stattfinden, die uns geringfügig und unendlich klein erscheinen. Das wahre Leben wird nicht dort gelebt, wo sich große äußere Umwälzungen ereignen – wo Menschen umherziehen, aufeinanderstoßen, kämpfen und einander erschlagen; es wird nur dort gelebt, wo diese winzigen, winzigen, unendlich kleinen Veränderungen stattfinden.

Tolstoi

1

Warum tun Menschen das?

Ich habe Spanier auf der Insel Hispaniola gekannt, die gewohnt waren, [Zigarren] zu rauchen, und die, als man ihnen Vorhaltungen machte und sagte, dies sei ein Laster, erwiderten, sie seien nicht fähig, damit aufzuhören ... Ich weiß nicht, welchen Genuß oder Vorteil sie davon haben.
Bartolomé De Las Casas, 1527[1]

Auf eines der ältesten Phänomene der westlichen Kultur wurde vermutlich zuerst De Las Casas aufmerksam, der große Humanist jener Epoche, in der die Alte Welt die Neue Welt eroberte. Worin, so fragte er sich, besteht die Anziehungskraft dieses *qualmenden Krautes*, daß die Menschen auf seinen Rauch versessen sind, als sei er der Atem des Lebens selbst?

500 Jahre nachdem der Geist namens Tabak in der westlichen Welt aus seiner Flasche gelassen wurde, stößt das Rauchen immer noch auf Verständnislosigkeit, die gelegentlich in Spott oder sogar Zorn übergeht. (Im 19. Jahrhundert umschrieb der Amerikaner Horace Greeley die Zigarre einmal als »ein Feuer am einen Ende und einen Narren am anderen«.)[2]

Als Bob Newhart begann, Stegreifkomödien zu spielen, pflegte er eine seiner besten Nummern mit der Bemerkung einzuleiten: »Mir scheint, daß die Vorzüge des Tabaks auf den ersten Blick nicht zu erkennen sind.« Er gab dann ein fiktives Telefongespräch aus dem 17. Jahrhundert zwischen Sir Walter Raleigh und dem Leiter der „West Indies Company" in London zum besten. Dabei macht Raleigh seinen Boß mit einer neugefundenen Substanz vertraut. Man kann diesen Tabak nehmen, sagte Sir Walter, ihn kleinschneiden, auf ein Stück Papier legen und:

»Was machen Sie dann damit, Walt?« (Er lacht.) »Sie zünden es an, Walt?« (Er lacht wieder.) »Und was tun Sie dann damit, Walt?

> Sie *inhalieren den Rauch*. Wissen Sie, Walt, offen gesagt scheint mir, daß Sie dasselbe erreichen könnten, wenn Sie sich einfach vor Ihren Kamin stellen ... Ich denke, Sie werden harte Zeiten erleben, äh, wenn Sie den Leuten einreden wollen, sie sollten sich brennende Blätter in den Mund stecken.«[3]

Nun, als so schwierig sollte sich dies doch nicht erweisen, aber trotz seiner jahrhundertealten kulturellen Tradition erregt der Tabak sogar heute noch Verwunderung. Die große Mehrheit der Nichtraucher glaubt, daß dem Tabak die zweifelhaft Ehre gebührt, wenig Genuß zu bieten und trotzdem süchtig zu machen.[4]

Die Raucher selbst neigen verständlicherweise dazu, dies weniger negativ zu sehen. Nur ungefähr die Hälfte betrachtet sich als abhängig und beschreibt das Rauchen gern mit angenehmen Worten[5] – gewöhnlich als etwas, das sie „beruhigt". Doch sogar Raucher scheinen nur ziemlich vage Vorstellungen von den Vorteilen des Rauchens zu haben. Der Brite M. A. H. Russell, der einen guten Teil seines Arbeitslebens mit dem Versuch zubrachte, die Gewohnheit des Rauchens zu ergründen, drückt es so aus:

> »Wenn man die Frage zu beantworten versucht, warum Menschen rauchen, erscheint es zunächst ganz einfach, die Raucher selbst zu befragen; doch wenn man dies tut, stellt man bald fest, daß viele Raucher keine befriedigende Antwort geben können ... Sie zögern, lächeln verlegen, zucken mit den Achseln und sagen etwas wie „Gewohnheit, nehme ich an" oder „ich weiß es nicht" ... Auch das einfache Lustprinzip läßt sich auf das Rauchen nicht immer anwenden. Es gibt nur wenige Raucher, die wirklich jede Zigarette genießen, und manche empfinden beim Rauchen überhaupt keinen Genuß.«[6]

Was aber *bewirkt* der Tabak dann? Sein Genuß erzeugt nichts, was mit der Ekstase nach einer Heroinspritze, mit der plötzlichen heiteren Gemütslage durch Alkoholkonsum, mit der Leichtigkeit während des Rauchens von Marihuanas oder der Bewußtseinserweiterung durch die Einnahme von LSD vergleichbar wäre. Das Bedürfnis, „high" zu werden, ist verständlich, sogar für solche Menschen, die es verachten. Doch was soll man vom Tabakrauchen halten? Für den flüchtigen, nicht rauchenden Beobachter scheint es, als seien bei den Rauchern ausschließlich die Nachteile des Drogenkonsums präsent: Abhängigkeit ohne Euphorie.

Die nebulösen Vorteile des Rauchens können jedoch zu einer erstaunlich machtvollen Gewohnheit werden. 90 Prozent aller Alkoholfreunde trinken, wenn ihnen danach zumute ist, und lassen es bleiben, wenn sie kein Verlangen danach haben. So bleiben rund zehn Prozent zwanghafter Trinker. Diese Zahlen treffen fast genau im umgekehrten Verhältnis auf die Raucher zu: Nur etwa zehn Prozent könnte man als Gelegenheitsraucher bezeichnen, die nach Belieben rauchen oder es lassen können. Das Bedürfnis nach einer Zigarette muß bei 90 Prozent aller Raucher in regelmäßigen Abständen befriedigt werden (bei jedem vierten erwachsenen Amerikaner; bei 28,5 Prozent aller Deutschen über 15 Jahre). Da Raucher pro Zigarette etwa zehn Züge machen, bedeutet ein durchschnittlicher Konsum von einer Schachtel pro Tag, daß 200mal am Tag und ungefähr 70000mal im Jahr Tabakrauch inhaliert wird.

Wer könnte die Auswirkungen einer derart konstanten Gewohnheit völlig erfassen? Die Sucht ist allgegenwärtig: im Büro, am Eßtisch, im Auto, vor dem Fernseher. Beobachten Sie beispielsweise Raucher in den Theaterpausen, wie sie hinausdrängen, um zu ihrer Zigarette zu kommen, während die übrigen Besucher gemächlichen Schrittes den Saal verlassen, oder wie sie gierig einen letzten Zug nehmen, ehe der zweite Akt beginnt. Wird ihr normaler Rauchzyklus von etwa einer Zigarette alle 40 Minuten unterbrochen, brauchen sie einen schnellen Zug, um ihre Gier in Schach zu halten. Dieses Schauspiel ist – wenn auch weniger auffallend als hier beschrieben – bei der großen Mehrheit der Raucher Tag für Tag zu beobachten. Rauchen mag in manchen Momenten einfach angenehm sein, in anderen aber stellt es sicherlich eine Notwendigkeit dar. In diesen letzteren Fällen hat das Rauchen Vorrang vor allen anderen Aktivitäten. Weder Arbeit noch Freizeitbeschäftigungen können ungehindert weitergehen, ehe das Verlangen nicht gestillt ist. So tief dringt das Rauchen in die verschlungenen Pfade des menschlichen Verhaltens ein, daß man sich ernstlich fragen kann, ob der Lebensstil die Rauchgewohnheiten oder die Rauchgewohnheiten den Lebensstil prägen.

Um so erstaunlicher ist es, daß Raucher eine so unklare Vorstellung von den Ursachen ihrer Sucht haben. Der Raucher stellt eine unserer geheiligten Annahmen in Frage: Gibt es wirklich *gute Gründe* für unser Verhalten, und handeln wir sogar dann bewußt, wenn wir unseren Schwächen nachgeben? Zwar tun Menschen oft Dinge, die sie nicht verstehen, doch welche andere hartnäckige Gewohnheit, deren Ursachen wir – obwohl sie in uns liegen – nicht kennen, käme dem Rauchen gleich? Das Rauchen verschlingt unsere Zeit und Energie, es kann uns aber nicht sagen, warum. Könnte man den Genuß von Tabak als harmloses Vergnügen bezeichnen, dann wäre die Konstanz dieser Gewohnheit – Stunde um Stunde, Tag um Tag – bemerkenswert genug. Da aber seine Folgen tödlich sind, ohne daß ein Nutzen erkennbar wäre, sollten wir höchst neugierig darauf sein zu erfahren, was hier eigentlich der treibende Faktor ist.

Der richtungweisende Surgeon General's Report (Bericht der obersten Gesundheitsbehörde der USA) von 1964 – der erste zum Thema Tabak – besagte, Rauchen sei „gewohnheitsbildend", aber nicht „suchterzeugend". Der Genuß von Tabak hänge in erster Linie mit „psychologischen und sozialen Antrieben" zusammen, die durch die Wirkungen des Nikotins verstärkt würden. Rückblickend läßt sich sagen, daß dieser Bericht von 1964 die moderne wissenschaftliche Erforschung des Rauchens begründete. (Dies ist nur natürlich, da es der Bericht selbst war, der die Dringlichkeit des Themas ins öffentliche Bewußtsein brachte.) Seit dieser Zeit sind Tausende wissenschaftlicher Untersuchungen auf diesem Gebiet durchgeführt worden, wobei die Forschung, allgemein gesprochen, von einem eher sanften zu „härteren" psychologischen Erklärungsversuchen überging, die mehr Gewicht auf biologische Prozesse und die Pharmakologie legen. Diese Arbeit hat besonders in den 80er Jahren beträchtliche Früchte getragen, und das nicht nur in theoretischer Hinsicht. Wie Jerome Jaffe vom National Institute on Drug Abuse es ausdrückt, hat die Forschung über das Rauchen „etwas eingebracht"[7]: Sie hat uns ein Produkt beschert – den nikotinhaltigen Kaugummi –, das wirklich wertvoll zu sein scheint, zumindest aber eine Hilfe zur Überwindung der anfänglichen Entzugserscheinungen bei Menschen, die das Rauchen aufgeben.

Dieser Kaugummi könnte jedoch sowohl als Symbol dafür stehen, wie weit die Forschung bereits vorangekommen ist, als auch dafür, welche Wegstrecke noch vor ihr liegt. Der Wert des Nikotinkaugummis wird nicht geschmälert, wenn wir klarstellen, daß er nicht die „magische Kugel" gegen das Rauchen ist, auf die wir vielleicht alle hoffen: eine Substanz also, die jeder nur einzunehmen muß, um schnell und schmerzlos mit dem Rauchen aufhören zu können. Auch mit seiner Hilfe gestaltet sich die Entwöhnung oft so schwierig, daß sich Raucher die für Kranke und Hilflose oft so typische Frage stellen: Wie lange werde ich diesen elenden Zustand noch ertragen müssen?

Die Erforschung des Rauchverhaltens befindet sich zweifellos noch in der Entwicklung. Es gibt viele offene Fragen, und erzielte Ergebnisse sind oft unerträglich widersprüchlich. Nichtsdestotrotz entstand in den letzten Jahren ein klareres Bild über die Hintergründe des Rauchens, wodurch wir, wie wir noch sehen werden, auch einen Einblick in das Problem des Drogengebrauchs im allgemeinen erhalten.

Das zentrale Ergebnis der gegenwärtigen wissenschaftlichen Forschungsarbeiten über das Rauchen ist eindeutig, steht im Widerspruch zum Surgeon General's Report von 1964 und bestätigt im großen und ganzen, was Generationen von Predigern und Großmüttern immer schon vermutet haben: Menschen rauchen in erster Linie, um ihrem Körper Nikotin zuzuführen. Wie wir sehen werden, gibt es noch andere Gründe, doch es ist unwahrscheinlich, daß diese allein Millionen von Menschen dazu motivieren könnten, in regelmäßigen Abständen ein einigermaßen bitteres Gift in ihre Lungen zu pumpen. Oder, wie M. A. H. Russell es ausdrückt:

> »besteht wenig Zweifel daran, daß Menschen, ginge es ihnen nicht um das Nikotin im Tabakrauch, kaum stärker zum Rauchen neigen würden als zum Erzeugen von Seifenblasen oder zum Anzünden von Wunderkerzen«.[8]

Manche Leser werden an diesem Punkt vielleicht sagen, sie hätten das alles schon gewußt, und sie mögen die Frage stellen, warum die Regierung so viele Steuergelder aufgewandt hat, nur um Altbekanntes bestätigt zu bekommen. Lassen Sie mich daher kurz darauf hinweisen, daß der Satz »in erster Linie, um ihrem Körper Nikotin zuzuführen« sehr vieldeutig und damit mißverständlich sein kann.

Beispielsweise könnte der Trugschluß entstehen, die oben gegebene Erklärung für das Rauchen bedeute nichts weiter, als daß Raucher nikotinsüchtig sind. Das tiefere Verständnis des Tabakmißbrauchs wird zudem dadurch verstärkt, daß der Durchschnittmensch wahrscheinlich eine falsche Vorstellung davon hat, was „Sucht“ bedeutet.

Üblicherweise wird unter Sucht das Bedürfnis nach einer Droge verstanden: ein geistiges und körperliches Unbehagen – vielleicht sogar mit wirklichen Qualen verbunden –, das ertragen werden muß, bis mehr von der Droge eingenommen oder aber die Sucht besiegt ist. Dieses Suchtverhalten ist aber keineswegs auf den *Menschen* beschränkt. Unter gleichen Voraussetzungen könnten wir es ebenso bei Affen beobachten. Dann allerdings dürften wir bei der Nikotinsucht nicht mehr nur von einer Sucht bei Menschen, sondern von einer „Affensucht“ sprechen. Man gebe einem Organismus lange genug die Droge X, und er wird danach süchtig werden. Er braucht fortan eine gewisse Menge der Droge, sonst bekommt er Entzugserscheinungen.

Es kann davon ausgegangen werden, daß unser Körper über eine Art Thermostat oder Regler für die suchterzeugende Droge verfügt: Im Falle des Rauchers könnte man dieses als „Nikostat“, der den Nikotinspiegel reguliert, im Falle des Heroinabhängigen etwa als „Morphinostat“ bezeichnen. Wenn die Drogenmenge im Organismus absinkt, schaltet sich der Regulaturmechanismus „Stat“ ein, körperliches Unbehagen entsteht, und es muß mehr von der Droge eingenommen werden.

Nun verlangt die „Affensucht“ lediglich, daß der Nikotintank immer bis zu einem bestimmten Punkt gefüllt bleibt. Raucher, die aufzuhören versuchen, werden bald unter dieses Niveau geraten, und sie werden das „Ich-brauche-dringend-eine-Dosis-Stadium“ erreichen. Demnach müßte sich ihr Bedürfnis ganz einfach danach bestimmen lassen, ob sie die Droge bekommen oder nicht bekommen haben, und ihre Rückfallneigung dürfte nicht von den Umständen abhängen, in denen sie sich jeweils befinden. Doch genau das ist bei Zigarettenrauchern *nicht* der Fall. Wir haben keinen Grund anzunehmen, es gäbe eine Art chemische Uhr, die bestimmt, wann Raucher rückfällig werden. Sie werden rückfällig, wenn sie eine schlechte Nachricht erhalten, wenn sie unter Streß stehen oder auf einer Party sind, vielleicht auch nach einem guten Essen.[9]

Wenn die „Affensucht“-Theorie zutrifft, warum sollten dann der innere Zustand oder die äußere Umgebung eines Rauchers seinen Rückfall begünstigen? Wenn wir die Theorie etwas weiter fassen, könnten wir depressive Zustände mit einbeziehen (»Das Bedürfnis war ständig da, aber ich gab ihm erst nach, als die Arbeit mich fertigmachte.«) Doch was ist mit den entspannten oder ausgelassenen Gemütszuständen, die für diejenigen, die das Rauchen versuchen aufzugeben, ebenfalls eine Versuchung darstellen? Überdies können wir, ausgehend von einer Affensucht, annehmen, daß vor allem die Entzugserscheinungen – Gereiztheit, Zerfahrenheit und so weiter – Ex-Raucher dazu bringen, sich erneut eine Zigarette anzuzünden. Saul Shiffman, einer der führenden Experten Amerikas auf diesem Gebiet, hat jedoch eine große Zahl von Rückfallkrisen bei Ex-Rauchern untersucht und berichtet, daß die meisten dieser Situationen auftreten, wenn keine Entzugserscheinungen vorliegen.[10]

Bedenken wir schließlich die Rolle des Nikotinkaugummis. Man sollte annehmen, daß er den „Nikostat“ anspricht. Wenn man von einer „Affensucht“ sprechen könnte, müßte der orale Nachschub der Droge die Symptome des Zigarettenentzugs eigentlich beseitigen. Hoch genug dosiert, leistet der Kaugummi dies auch in beträchtlichem Maße – Gereiztheit, Unruhe und Konzentrationsschwäche beispielsweise werden durch ihn gemildert. Ein Symptom bleibt jedoch bestehen, und dieses ist derart entscheidend, daß es die positiven Auswirkungen des Nikotinkaugummis nahezu aufhebt. Was der Kaugummi nämlich nicht beseitigt, ist das Bedürfnis zu rauchen. Wenn das „Affensucht"-Modell zuträfe, sollte dann dieses Bedürfnis nicht einfach die Summe aller anderen Entzugserscheinungen sein? Und wenn wir diese mit dem Kaugummi unter Kontrolle bringen, was bleibt dann?

Gängige Erklärungen der Nikotinsucht teilen uns leider nicht *genug* über die Gründe mit, warum sich Menschen genußvoll einer Handlung hingeben, von der sie wissen, daß sie mit ziemlicher Wahrscheinlichkeit ihren frühzeitigen Tod bedeutet. Das Zigarettenrauchen trägt sicher Elemente einer „Affensucht" in sich – also etwas, das wir in der Sprache der Wissenschaftler besser als „körperliche Abhängigkeit" bezeichnen –, doch das ist nicht die ganze Wahrheit. Der Fehler bei dieser Betrachtungsweise liegt darin, daß sie die Gewöhnung an die Zigarette als rein pharmakologischen Prozeß ansieht. Dies an sich ist keine Frage, doch die „Affensucht"-Theorie ist zu pauschal: Sie postuliert eine chemische Gewöhnung, die keinerlei belohnende Elemente enthält. Sie besagt, daß Raucher, die aufzuhören versuchen, körperlich bestraft werden – und deshalb weiterrauchen.

Wie wir jedoch sehen werden, spricht eine Vielzahl von Gründen dafür, daß Zigaretten nicht nur etwas *mit* dem Raucher,sondern auch etwas *für* ihn tun. Diese Dualität existiert bei allen suchterzeugenden Drogen, ist aber bei Zigaretten möglicherweise etwas schwieriger zu erkennen. Bei Alkohol oder Heroin beispielsweise ist die belohnende Wirkung offensichtlich: Diese Rauschmittel machen die Menschen „high". Was aber geschieht beim Rauchen? Die Gemeinsamkeiten zwischen Zigaretten und anderen Drogen sind deshalb nicht sofort ersichtlich, weil wir vorgefaßte Meinungen über die Wirkungsweise suchterzeugender Drogen haben.

Wir müssen begreifen, daß die Einnahme einer Droge für Menschen auch dann erstrebenswert sein kann, wenn sie keine Euphorie erzeugt. Sie kann eine belohnende Funktion haben, ohne „high" zu machen. Der Genuß der meisten Drogen, die wir *neben* Tabakwaren kennen, enthält deutlich ein euphorisches Element. Es ist jedoch wichtig zu erkennen, daß seliges Vergessen nur eine unter vielen Belohnungen ist, die Drogen hervorrufen können; milde Anregung oder Beruhigung sind andere. Das Nikotin scheint beides bewirken zu können, und dies sind bereits zwei Gründe für seine Attraktivität.

Tatsächlich können solche subtilen Auswirkungen eine sehr starke Anziehungskraft ausüben. Wir kennen dies vom Alkohol, von der besänftigenden Wirkung eines einzigen Glases. Könnte nicht derselbe oder sogar ein noch größerer Wert in einer Droge liegen, die *ausschließ-*

lich wegen ihrer subtilen Effekte genommen wird? Wenn wir darüber einen Moment nachdenken, warum sollten wir annehmen, daß eine *dramatische* Veränderung durch eine Droge für den Durchschnittsmenschen attraktiver ist als eine *geringe*? Ich glaube, die meisten Menschen meinen, eine Droge sei um so attraktiver, je dramatischer ihre Wirkung ist. Demnach müßten alle, die beispielsweise einmal mit Heroin Erfahrung machen, so überwältigt sein, daß sie es gern immer wieder konsumieren möchten.

Wir haben jedoch guten Grund zu der Annahme, daß dies keineswegs der Fall ist. Wie Jack Henningfield vom National Institute on Drug Abuse sagt: »Würden wir Heroin testen, indem wir einfach 50 Leute von der Straße holen und den Stoff verabreichen, so würde den meisten davon schlecht werden; sie würden es nicht als angenehm empfinden.«[11] Wichtig ist nicht so sehr, ob Menschen von einer Droge absolut *hingerissen* sind; wichtig ist, ob sie die Droge als *hilfreich* empfinden: um sich zu entspannen, geistig wach zu bleiben, gut zu arbeiten, ihre Phantasie anzuregen – oder um in einen Zustand der Euphorie und des Vergessens zu gelangen.

Wenn nun Menschen eine leicht beruhigende Droge als hilfreich empfinden und sie lange genug konsumieren, und wenn sie ihnen dann plötzlich nicht mehr zur Verfügung steht, könnte beim „Entzug" das Element der körperlichen Abhängigkeit eine Rolle spielen.

Ist es aber nicht wahrscheinlich, daß auch noch etwas anderes eintritt, etwas weniger Dramatisches, aber vielleicht auf seine Weise genauso Wichtiges? Werden Menschen dieses leichte, immer verfügbare Beruhigungsmittel nicht einfach *vermissen*? Auch wenn sich dies nicht anhand der Herzfrequenz oder der Hirnströme messen läßt, wird es vielleicht doch unser Verhalten beeinflussen.

Ein Amerikaner, der an der Küste von Maine aufgewachsen ist, jetzt aber in Kansas lebt, vermißt vielleicht den Ozean – so sehr, daß er nach Maine zurückkehrt, obwohl er in Kansas eine bessere Stellung hat. Wir können von dieser Person nicht behaupten, sie sei „süchtig" nach dem Ozean, wenn dieser Begriff nicht seine konkrete Bedeutung verlieren soll, doch die Verbundenheit dieses Menschen mit dem Meer hat ihn veranlaßt, in einer bestimmten Hinsicht gegen seine eigenen Interessen zu handeln. Dies ist sicher auch beim Raucher von Zigaretten der Fall, aber auch bei jeder anderen uns bekannten, abhängigmachenden Droge. Wir verlangen nach ihrer Wirkung, wir sind nach ihr süchtig; wir finden, uns fehlt etwas, wenn wir diese Wirkung nicht mehr spüren. In diesem Sinn unterscheidet sich der Drogenkonsum – etwas, das wir in unserer Vorstellung gewöhnlich in eine fremde, dunkle Unterwelt verbannen – nicht allzu sehr von vielen anderen Dingen in unserem Leben.

Wenn man ein leichtes Beruhigungsmittel vermissen kann, ist es dann nicht auch möglich, etwas zu vermissen, was einfach mit seinem Gebrauch *verbunden* ist – also das Halten einer Zigarette? Raucher, die eine Packung pro Tag konsumieren, halten 140mal pro Woche eine Zigarette in der Hand; und das oft zu ganz bestimmten Zeiten – nach einer Mahlzeit, während einer bestimmten Arbeit, oder wenn sie ein Kreuzworträtsel lösen. Wird nicht der Umgang mit der Zigarette beim Lösen eines Kreuzworträtsels nach einiger Zeit fast genauso automatisiert sein wie das Herumrutschen auf dem Stuhl während dieser Beschäftigung?

Der Leser wird vielleicht erkennen, worauf ich mit all dem abziele. Zunächst nannte ich als Ursache für die Nikotinsucht die körperliche Bestrafung des *Nicht*-Rauchens; fügte dann den Aspekt der pharmakologischen Belohnung *für* das Rauchen hinzu; ging anschließend auf die persönliche, fast emotionale Natur des *Vermissens* der pharmakologischen Wirkung ein und sprach schließlich darüber, daß Verhaltensweisen vermißt werden, die zwar mit dem Rauchen verknüpft sind, aber mit dem pharmakologischen Effekt direkt nichts zu tun haben.

Wenn darin Motive für das Rauchen zu sehen sind, dann erscheint dieser anscheinend einfache Akt des Inhalierens von Tabakrauch – diese so geringfügige, fast *nicht* wahrnehmbare Aktivität – als das, was sie wirklich ist: eine Gewohnheit mit tiefen Wurzeln und großer Komplexität. Sobald wir zu ergründen beginnen, warum Menschen rauchen, jagen sich körperliche Abhängigkeit und liebgewordene Gewohnheit, Pharmakologie und Verhalten, Persönlichkeit, Kultur und Genetik im Kreise wie eine Katze, die sich in den Schwanz zu beißen versucht.

Wir müssen uns nun wieder daran erinnern, wie die Diskussion begann: mit der Feststellung, daß Menschen hauptsächlich rauchen, um ihrem Körper Nikotin zuzuführen. Dies trifft nicht nur wegen der direkten, sondern auch wegen der indirekten Wirkungen des Nikotins zu. Denken Sie an die vier Gründe, die ich für das Rauchen genannt habe. Die ersten beiden – körperliche Belohnung für Rauchen oder körperliche Bestrafung für Nichtrauchen – sind eindeutig pharmakologischer Natur, doch wie steht es mit den beiden anderen? (Sie sind, nebenbei bemerkt, fast zufällig ausgewählt; viele andere hätten genannt werden können.) Wenn man es *vermißt*, jederzeit ein leichtes Beruhigungsmittel zur Verfügung zu haben, so ist dies nicht mit körperlicher Abhängigkeit gleichzusetzen, aber es *beruht* auf den pharmakologischen Wirkungen des Nikotins. Der vierte Grund folgt ebenfalls diesem Schema. Menschen gewöhnen sich nicht deshalb daran, eine Zigarette in der Hand zu halten, weil dieses Verhalten an sich Vergnügen bereiten würde. Es ist kein einziger Fall bekannt, daß Menschen sich das *Halten* von Tabak angewöhnten. Sie gewöhnen sich das Rauchen von Tabak an, und erst später, wenn sie versuchen damit aufzuhören, sehen wir sie regelmäßig mit einer unangezündete Zigarette in der Hand. Es ist die Koppelung der Wirkungen des Nikotins mit dem Halten der Zigarette, das letzterem seine Macht verleiht.

Das Nikotin ist also wie ein Stein, der in einen Teich geworfen wird: Es hat direkte und indirekte Wirkungen. Ein Wasserläufer kann durch einen solchen Stein sinken oder durch die entstehenden Wellen umgeworfen werden; doch letztlich gibt es nur eine Ursache für alle Wirkungen.

Diese Analogie ist nicht exakt. Es gibt Gründe für das Rauchen, die völlig außerhalb des Wirkungsbereichs des Nikotins liegen. Manche davon mögen durchaus starke Motive für Tabakkonsumenten darstellen, doch die Wissenschaft weist zunehmend auf das Nikotin als motivierende Kraft für das Rauchen hin. Ehe wir uns jedoch der Rolle zuwenden, die das Nikotin beim Rauchen spielt, sollten wir einige Motive näher betrachten, die nur schwach, wenn überhaupt, mit dieser subtilen, aber machtvollen Droge im Tabak in Beziehung stehen.

2

Außerhalb des Reiches der Chemie

Es mag vielleicht noch einige Amerikaner geben – aber wirklich nur einige –, deren Kindheit so weit zurückliegt, daß sie sich an eine Zeit erinnern können, in der die Zigarre und der Spucknapf ein ebenso vertrauter Anblick waren wie die Zigarette. Heute machen Zigaretten in den Vereinigten Staaten 95 Prozent des Umsatzes des Tabakmarkts aus, doch das war nicht immer der Fall. Die Zigarette kam erst im späten 19. Jahrhundert allmählich auf und erreichte ihren vollen Triumph in Amerika nicht vor den zwanziger Jahren dieses Jahrhunderts. Pfeifen, Zigarren, Schnupf- und Kautabak wetteiferten zu den verschiedensten Zeiten und an den verschiedensten Orten der Welt um die Vorrangstellung.*

Eine der bedeutenden Veränderungen in der Art des Tabakgebrauchs vollzog sich, zumindest in den oberen Gesellschaftsschichten, im England des 18. Jahrhunderts, als der Schnupftabak die Pfeife ablöste. Dies veranlaßte die literarische Figur Samuel Johnson im Jahre 1793, sich bei seinem Biographen Boswell zu beklagen:

* Beachten Sie, daß diese vier Formen drei verschiedene Methoden darstellen, um Tabak dem Körper zuzuführen. Im Laufe von Jahrhunderten brachten es Menschen fertig, fast jede denkbare menschliche Körperöffnung als Eingangspforte für den Tabak zu benutzen – wenn nicht zum Vergnügen, so aus medizinischen Gründen. Diese Tatsache veranlaßte einen gewissen Hans Jakob von Grimmelshausen 1667, kurz vor der Morgendämmerung des Tabakgebrauchs in Deutschland, zu der spöttischen Bemerkung, manche Menschen »trinken ihren Tabak, andere essen ihn, andere schnupfen ihn in die Nasenlöcher – ich bin tatsächlich überrascht, daß ich bis jetzt noch niemanden fand, der sich damit die Ohren stopft.«[3]

> »Das Rauchen ist aus der Mode gekommen. Gewiß, es ist schockierend, wenn wir Rauch aus unseren Mündern in die Münder, Augen und Nasen anderer Menschen blasen und uns dasselbe von ihnen angetan wird. Dennoch kann ich mir nicht erklären, warum ein Verhalten, das so wenig Anstrengung verlangt und doch den Geist vor völliger Leere bewahrt, aus der Mode kommen sollte.«[1]

Ich denke, Johnson deutet hier etwas Interessantes an. Drückt man seine Bemerkung über Anstrengung und Leere in anderen Worten aus, so könnte man sagen, daß unter den richtigen Umständen ein Raucher so nahe an das Nichtstun herankommt, wie es einem Mensch überhaupt nur möglich ist, und daß er dabei doch etwas tut. Wir geben es vielleicht nicht gern zu, doch diese Art von Minimalismus kann sehr anziehend sein. Dies ist einer der Punkte, die das Fernsehen so attraktiv machen. Menschen sind vielleicht nicht fähig, absolut nichts zu tun, aber sie haben nichts dagegen, sich einem solchen Zustand zu nähern, und das Rauchen paßt recht gut in diesen Grenzbereich. Das Anzünden und Aufklopfen der Zigarette, die kleinen Spielereien mit ihr, das kraftlose Ausatmen des Rauchs gegen die Decke – dies sind die entspannenden, beruhigenden Akte, die das Rauchen bieten kann. Sie sind oft von visuell unterhaltsamen Rauchwolken begleitet, und überschüssige Energie in diesem Zustand kann die elegante künstlerische Schöpfung des Rauchens hervorbringen – den Rauchring.

Der Umstand, daß man während des Rauchens immer etwas zu tun hat, kann hilfreich sein, wenn man ansonsten einmal zu absolutem Nichtstun verurteilt ist. William Hunt und Joseph Matarazzo weisen darauf hin, daß das Rauchen einer Zigarette, während man beispielsweise auf einen Freund wartet,

> »nicht nur Aktivität erlaubt, sondern auch eine logischere, sinnvollere und würdigere Beschäftigung zu sein scheint, als hin und her zu gehen, als auf einem Fleck zu stehen und mit dem Fuß zu wippen oder als seinen Hut zu drehen«.[2]

Dies führt uns zu einem allgemeineren Zweck des Rauchens: Es kann ein wertvolles Kommunikationsmedium sein. Menschen, die sich ein bestimmtes Image geben möchten oder der äußeren Welt etwas über sich selbst mitteilen wollen, haben mit der Zigarette eine großartige Kommunikationshilfe zur Verfügung. Dies wird am deutlichsten bei Menschen, die geradezu als Abziehbilder der jeweiligen Gesellschaft betrachtet werden können: der sinnlich Rauch ausatmenden Marlene

Dietrich, dem nachdenklich blickenden Edward Murrow. (Beachten Sie, daß diese Beispiele aus der Vergangenheit herangezogen werden müssen; welche in der Öffentlichkeit stehende Person benützt heute noch das Rauchen als Emblem, wie diese Menschen es taten? Berühmte Leute rauchen zwar immer noch, aber nun eher im Verborgenen.)

Das Rauchen ermöglicht jedoch auch subtilere Formen der Kommunikation. Es gibt zum Beispiel etwas, das man als geringschätziges Rauchausstoßen bezeichnen könnte: die mit nach oben gewandtem Kopf schnell himmelwärts ausgestossene Rauchwolke, ehe das Gespräch wieder aufgenommen wird, weist auf eine vielbeschäftigte, disziplinierte Persönlichkeit hin. Auch Anständigkeit läßt sich mit Rauchen ausdrücken. Als ich im College war, rauchten die Mädchen einer Studentinnenverbindung bei Tisch in einer genau festgelegten Weise. Sie hielten die Zigarette beim Anzünden stets in der Hand und bogen zwischen den Zügen das linke Handgelenk nach außen, streckten die Finger ein wenig und zeigten mit der Zigarette auf zehn Uhr. Ihr Verhalten, damals wie heute ein wenig suspekt, paßte zu ihrer Körpersprache, die Korrektheit ausströmte. Sie setzten sich dabei sogar aufrecht hin.

Das Rauchen ist jedoch eher für die Kehrseite dieser Medaille bekannt. Es ist nicht gerade eine sexuell aufreizende Handlung, so daß mir der Verdacht kam, Schauspieler seien tatsächlich die einzigen Menschen, bei denen es anders sein mag. Doch wenn es eine sexuelle Bedeutung beinhaltet, kann es höchst wirkungsvoll sein. Als bestes Beispiel hierfür fällt mir die junge Lauren Bacall ein, wie sie eine Zigarette von den Lippen baumeln läßt, während sie mit Bogart spricht.

Vielleicht findet man das Rauchen sexuell erregend, weil es an Fellatio erinnert. Dies ist, wie ich mir vorstellen könnte, der Grund, weshalb die sexuelle Aura des Rauchens bei Frauen intensiver ist als bei Männern und überdies nur in Verbindung mit Zigaretten vorkommt, der einzigen Tabakware, die Frauen massenweise konsumieren. Zigarren wären als Phallussymbol offensichtlich viel geeigneter, doch der weibliche Sexometer bleibt nahe Null, wenn Männer sie rauchen; Pfeifen liegen auf dieser Skala unter Null.

Es gibt jedoch noch andere Gründe für die gedankliche Verknüpfung von Rauchen und Sexualität. Beispielsweise lenkt das Rauchen, vielleicht stärker als jedes andere Verhalten, unsere Aufmerksamkeit auf die Lippen als Sitz der Sinnlichkeit. Da wir darauf programmiert sind, jeden visuellen Stimulus mit den Augen zu verfolgen, folgen wir auch dem demonstrativen Akt des Rauchers bis zu seinem Endpunkt und betrachten – wie kurz auch immer – einen Mund in Aktion.

Darüber hinaus ist Sexualität natürlich eng mit unserer Vorstellung von Bedürfnis und Sehnsucht nach einem verbotenen Objekt verknüpft. Das Rauchen ist und war seit Jahrhunderten die *öffentliche Äußerung* eines bedürftigen Zustands. Sein Ziel – eine durch Drogen erreichte Befriedigung – ist genauso wenig gesellschaftsfähig wie der Wunsch nach sexueller Befriedigung. Raucher und Verliebte werden gleichermaßen als Menschen betrachtet, die von verbotenen, nicht beherrschbaren Bedürfnissen getrieben werden. Es sind Menschen, die beim Konsum ihrer ausgefallenen, gefährlichen Objekte selbst verzehrt werden. Diese Art Verflechtung von Sexualität und Rauchen findet seinen perfekten Ausdruck in dem Film *Body Heat* von Lawrence Kasdan, in dem William Hurt und Kathleen Turner rauchen und kopulieren, als würde beiden Verhaltensweisen ein und dasselbe Bedürfnis zugrunde liegen, das durch seine Befriedigung aber nur um so größer wird. Wir werden später sehen, daß uns die Natur von Menschen, die rauchen, einen zusätzlichen Grund für die Verbindung zwischen Sex und Zigaretten liefert. Mir scheint jedoch, daß das Image allein ausreicht, um diese beiden Dinge zu verbinden.

Die Art der Selbstdarstellung beruht natürlich auf dem Selbstbild, und bei diesem scheinen Zigaretten eine Rolle zu spielen. 1971 zeigten Bernard Mausner und Ellen Platt, daß die Mehrheit der von ihnen untersuchten erwachsenen Raucher in einem Experiment der Ansicht waren, ein Bild von ihnen mit Zigarette zeige ihr „wahres Ich", während ein Bild ohne Zigarette dies nicht tue.[4]

Es sollte uns nicht überraschen, daß Raucher möglicherweise versuchen, ihr „wahres Ich" nach einigen vorhersagbaren Richtlinien zu verändern. 1967 photographierte John Weir vier jugendliche männliche Modelle in Posen mit Zigaretten und stellte dann retuschierte Bilder her, auf denen die Modelle zwar unverändert blieben, aber alle Anzeichen, daß sie rauchten, entfernt waren. Schließlich zeigte er mehreren Hundert männlichen Teenagern verschiedene Versionen der Bilder und gab ihnen eine Liste von 80 Adjektiven, mit denen sie die Modelle beschreiben konnten. Die Bilder mit Zigarette bewirkten, daß die Jugendlichen die Modelle häufiger als „abenteuerlich", „wagemutig" und „männlich" und seltener als „ängstlich" beschrieben.[5]

Hier fällt natürlich auf, daß die abenteuerlichen Adjektive, die an die Bilder mit den rauchenden Modellen gebunden waren, genau diejenigen sind, die beispielsweise Marlboro hervorrufen will, wenn in den Werbeanzeigen Bilder vom Marlboro-Cowboy zu sehen sind, wie er gespannt gen Montana blickt. Die Frage nach der Henne oder dem Ei taucht auf: *Schufen* die Anzeigen die Assoziation von Abenteuerlichkeit und Rauchen oder machen sie sich lediglich eine bereits bestehende Verbindung zunutze?

Zweifellos hat jedes Element das andere verstärkt, aber wir haben Grund zu glauben, daß die Werbung mehr benutzt als erzeugt. Rauchen war schon immer ein etwas wagemutiges Unternehmen – insbesondere seit den sechziger Jahren. Außerdem hat – wie wir später sehen werden – eine bestimmte Sorte risikofreudiger und individualistischer Menschen einen unverhältnismäßig starken Bezug zum Rauchen. Zigarettenfirmen wissen dies und richten ihre Werbung danach aus. Diese Anzeigen, die überall auf den Reklametafeln kleben, bieten Millionen von Jugendlichen eine Möglichkeit, um rebellische Neigungen auszudrücken. Es gibt eine kommerziell anerkannte Weise, wagemutig zu sein – man nennt sie Zigarettenrauchen.

Man kann allgemein beobachten, daß in bestimmten Schreibtischberufen, wie im Zeitungswesen oder in der Verwaltung, besonders viele Raucher tätig sind. Da das Rauchen gegenwärtig völlig aus der Welt der Ämter und Büros gedrängt wird, verschwindet dieses Phänomen allmählich, doch es lohnt sich immer noch zu fragen, ob irgendwelche Gründe – außer den Wirkungen des Nikotins – für die Verbindung zwischen dem Rauchen und dieser Art von Arbeit sprechen. Ich glaube, man kann diese Frage insofern bejahen, als in diesen Berufen etwas unterdrückt werden muß, das Isidor Chein „divergente Aktivitäten" genannt hat.

Ein Büromensch, der einen Artikel zu schreiben beginnt, muß innere oder äußere Ablenkungen ausschalten, um ihn zu Ende zu bringen. Er ist umgeben von Gesprächen, Lärm oder Maschinengeklapper. Zusätzlich treiben die Schwierigkeiten des Formulierens den Schreibenden oft zur Flucht in andere Aktivitäten – er lehnt sich zurück, öffnet das Fenster, liest noch einmal, was er bereits geschrieben hat. (Autoren müssen anscheinend mehrere Anläufe unternehmen, wenn sie komplizierte Gedanken ausdrücken wollen; sie neigen dazu, bei den ersten ein, zwei Versuchen intensiv aus dem Fenster zu starren, als hätte sie soeben ein Sumo-Ringer von der Arbeit fortgestoßen. Wie Chein ausführt, kann das Rauchen diese Art divergenter Aktivität in Schach halten. Das Rauchen ist eine so routinehafte Tätigkeit, daß Raucher nicht eigens an seine Abläufe zu denken brauchen, um es zu praktizieren. Weil es Bewegung erlaubt, ohne geistige Energien zu verbrauchen, liefert es, wie Chein sagt, »einen harmlosen Kanal für unsere wandernde Aufmerksamkeit«.[6]

Wenn der Durchschnittsmensch eine Meinung darüber hat, aus welchen Gründen *außer* der Nikotinabhängigkeit ein Raucher zur

Zigarette greift, dann wahrscheinlich, daß die Raucher etwas mit ihren Händen tun wollen. Dies könnte man einfach als eine Art von divergenter Aktivität aus der von Chein angesprochenen Gruppe ansehen.

Falls die konventionelle Freudsche Weisheit bis zu unserem Menschen auf der Straße vorgedrungen ist, wird er möglicherweise hinzufügen, daß Raucher auch etwas mit dem Mund tun möchten, da Raucher vielleicht „oral fixiert" sind. Letztere Ansicht hat angesehene Fürsprecher. W. H. Audens Platz unter den großen Dichtern des Jahrhunderts mag noch nicht endgültig gesichert sein, doch er ist sicherlich einer der großen Raucher des Jahrhunderts. (»Alles, was er anfaßt, verwandelt sich in Zigaretten«, klagte sein Freund Louis MacNeice.[7]) Auden sagte in seinen jüngeren Tagen, diese belastende Gewohnheit sei eine Folge »ungenügender Entwöhnung. Ich muß etwas zum Saugen haben.«[8]

Dies könnte von Freud persönlich stammen, doch wie sich zeigt, stellt Freud die Dinge ein wenig anders dar. Für ihn ist das *Daumen*lutschen als Baby ein sexueller Akt, wobei es das Schicksal mancher Kinder ist, es mehr zu genießen als andere (da ihre Lippen und ihr Mund als intensivere „erogene Zone" dienen). Wenn solche Kinder diese Art verstärkter oraler Belohnung beibehalten, werden sie als Erwachsene »das Küssen besonders genießen, zum perversen Küssen neigen oder, falls sie männlich sind, einen starken Hang zum Trinken und Rauchen zeigen«, sagt er.[9] Wie so oft bei Freud, wird von uns erwartet, daß wir ihm dies alles einfach glauben, da er keine Beweise für seine Theorie anbietet.

Der Zoologe Desmond Morris hat – ein wenig nachvollziehbarer – darauf hingewiesen, daß »es für das menschliche Tier eine beruhigende Erfahrung ist, etwas zwischen den Lippen zu haben«; Untersuchungen hätten gezeigt, daß Schnuller das Schreien und die allgemeine Erregung von Säuglingen deutlich vermindern.[10] Und was für das Kind gelte, gelte auch bei Mann oder Frau, sagt Morris. Leider erlaubt es unsere Kultur nicht, daß Erwachsene mit Schnullern im Mund herumlaufen. Die Zigarette ist ein verständlicher Ersatz, hat aber den bedauerlichen Nebeneffekt, daß sie gesundheitliche Schäden hervorruft.

Morris argumentiert, daß eine „orale" Motivation für das Rauchen bei Menschen eigentlich fast universell sein müßte. Falls dies zutrifft, müßten Menschen, die tatsächlich zu Rauchern werden, sich in ihrer „Oralität" in mancher Hinsicht von Nichtrauchern unterscheiden. Wenn wir uns den vorliegenden Experimenten zu diesem Thema zuwenden, stoßen wir auf unterschiedliche Ergebnisse, die in gewissem

Maße für eine leicht abweichende Version dieser Annahme sprechen.

Im Jahre 1958 fanden Charles McArthur und seine Mitarbeiter an der Harvard University heraus, daß bei einer Gruppe von 252 männlichen Harvard-Studenten, deren Lebensweg sie etwa 15 Jahre lang verfolgten, die Fähigkeit, mit dem Rauchen *aufzuhören*, direkt mit der Dauer ihrer Stillzeit korrelierte. Je länger sie gestillt worden waren, um so wahrscheinlicher konnten sie mit dem Rauchen aufhören. Beispielsweise wurden leichte Raucher, die von der Zigarette loskamen, durchschnittlich etwa acht Monate lang gestillt; starke Raucher, die ihre Nikotinsucht ebenfalls besiegen konnten, wurden mit 6,8 Monaten entwöhnt, und andere Raucher (meistens starke), die es aufzugeben versuchten, aber nicht konnten, bekamen über 4,7 Monate hinweg die Brust.[11] Interessanterweise fand McArthur keine eindeutigen Unterschiede zwischen Rauchern und lebenslangen Nichtrauchern hinsichtlich der Dauer ihrer Stillzeit.

Michael Howe und Angela Summerfield führten 1979 eine ähnliche Untersuchung durch. Sie legten eine Studie über „Unterschiede in der Oralität", wie Nägelkauen und Daumen- oder Süßigkeitenlutschen, vor. Wieder wurden keine Unterschiede zwischen Rauchern und Nichtrauchern gefunden: Die Mitglieder beider Gruppen kauten beispielsweise mit der gleichen Häufigkeit Nägel und hatten als Kinder Lutscher gleich gern gemocht. Unterschiede fanden die Forscher jedoch zwischen zwei Gruppen von *Rauchern*: solchen, die in der Vergangenheit mindestens ein Jahr lang mit dem Rauchen aufgehört hatten, und solchen, die es nie länger als drei Monate geschafft hatten. Die zweite Gruppe war im allgemeinen eher oral orientiert als die erste. Dasselbe gilt für jene, die aus Bedürfnis- oder Gewohnheitsgründen rauchten, im Gegensatz zu denen, die soziale Gründe für das Rauchen angaben.[12]

Zwischen diesen beiden Studien gab es mindestens fünf andere Untersuchungen. Im Überblick betrachtet, sprechen alle Arbeiten für eine gewisse Beziehung zwischen Oralität und Rauchen, doch von allen Zusammenhängen scheint der zwischen Oralität und *starkem*, gewohnheitsmäßigem Rauchen am gesichertsten zu sein – und nicht der zwischen Oralität und der Wahrscheinlichkeit, mit dem Rauchen zu beginnen.

Sozialkritiker sagen gern, daß wir in einer Zeit leben, in der das Image zählt und in der Stil mehr wiegt als Substanz. Wenn dies stimmt, könnte die Zigarettenwerbung als perfektes Zeichen ihrer Zeit gelten, da sie alles mit dem Image und fast nichts mit der Substanz ihres Produkts zu tun hat. Zigarettenreklamen wecken Träume: von Cowboys, strahlend schönen Frauen oder unbeschwerten Tagen mit Freunden. Diese Träume werden dann mit bestimmten Marken verbunden: mit Marlboro oder Virginia Slim oder Newport. Die Werbung stützt sich natürlich ganz allgemein stark auf das Image, doch kein Produkt kann sich in dieser Hinsicht mit den Zigaretten messen. (Reklamen für Limonaden und Spirituosen fallen einem in diesem Kontext ein; vielleicht stützt sich die Werbung umso mehr auf das reine Image, je nutzloser und gefährlicher ihre Produkte sind.)

Wenn Zigarettenreklamen wirklich in die unbedeutenden Niederungen der Produkt*qualitäten* herabsteigen, so sind nur drei Dinge von Belang: der Teer- und Nikotingehalt bei „leichten" Sorten, der Preis bei „echten" Sorten und der Geschmack bei vielen verschiedenen Sorten. Der Geschmack interessiert uns im folgenden. Wenn es überhaupt einen vertretbaren „vernünftigen" Grund für das Rauchen gibt, so ist es der Geschmack. Fast alle anderen Gründe entblößen irgendeine Schwäche oder Unvollkommenheit des Rauchers. Natürlich ist jeder Mensch schwach und unvollkommen, doch der Raucher macht dies jedesmal, wenn er sich eine Zigarette anzündet, öffentlich. Dies war in gewissem Sinne schon immer so, es ist aber heute in besonderem Maße der Fall. Süchtiges, zwanghaftes, irrationales Verhalten: Dies sind die Botschaften, die mit dem Rauch emporsteigen.

Da der Geschmack fast das einzige unangreifbare Motiv für das Rauchen darstellt, sprechen Zigarettenfirmen in ihren Werbeanzeigen so häufig davon. Dies weist ihnen den Weg aus der Welt des Drogenhandels und macht sie quasi zu normalen Handelsgesellschaften, die genauso auf den Geschmack ihrer Kunden eingehen wie beispielsweise die Hersteller von Kaugummi.

Andererseits reicht das Interesse von Tabakfirmen am Geschmack deutlich über Image und Public Relations hinaus. Dutzende von Patenten können in einem Jahr für „Aromastoffe" vergeben werden.[13] Diese Chemikalien werden neben alltäglichen Aromastoffen wie Zukker, Lakritze oder Vanille den Zigaretten zugesetzt. Aromastoffe sind wiederum nur *eine* Art von Zusatz in einem Produkt, das voller Zusätze steckt.*

---

* In Amerika muß die Food and Drug Administration (FDA) normalerweise synthetische Zusatzstoffe in Produkten, die Amerikaner ihrem Körper zuführen, prüfen und beurteilen, doch diese Vorschrift wird beim Tabak umgangen. Als das FDA um die Jahrhundertwende gegründet wurde, setzte der Kongreß fest, daß Tabak weder ein Nahrungsmittel noch eine Droge sei, und diese absurde Voraussetzung hat dank der politischen Macht der Tabaklobby bis heute Gültigkeit. Somit liegt der Tabak und alles, was in ihn hineingemengt wird, außerhalb der Rechtssprechung der FDA.

Die Mischung aromatisierender Substanzen einer Zigarettenmarke gehört zu den am strengsten gehüteten Geheimnissen von Tabakgesellschaften. Wie man in Wirtschaftsjournalen lesen kann, haben Aromastoffe in den letzten Jahren immer mehr an Bedeutung gewonnen, weil die Hersteller Schwierigkeiten haben, Zigaretten mit niedrigem Teer- und Nikotingehalt genießbar zu machen.[14]

Alles in allem gewinnt man den Eindruck, daß Tabakgesellschaften glauben, der Geschmack bedeute ihren Kunden viel. Was immer diese Gesellschaften sonst sind, dumm sind sie nicht, und wir sollten ihre Bemühungen um eine Geschmacksverbesserung von Zigaretten wohl als Zeichen dafür nehmen, daß das Aroma einen Unterschied macht – zumindest wenn es darum geht, für welche Sorte sich Raucher entscheiden. Wenn wir jedoch die Forschung auf diesem Gebiet betrachten, deren Ergebnisse nicht in Firmentresoren verschlossen sind, bleibt der Eindruck zurück, daß bei den Urteilen des Rauchers über den Tabakgeschmack ein großer Spielraum besteht.

Eines der wenigen Experimente in der Tabakforschung, das altehrwürdig genannt zu werden verdient, wurde 1924 von dem Psychologen Clark Hull an der University of Wisconsin durchgeführt. Hull verband seinen Versuchspersonen die Augen und gab ihnen eine speziell präparierte Pfeife, die keinen Tabakrauch, sondern feuchte, warme Luft lieferte. Wenn er sich dann in die Nähe stellte und selbst eine richtige Pfeife rauchte, konnte er die Männer derart täuschen, daß sie dachten, sie würden rauchen, obwohl sie in Wirklichkeit nur warme Luft pafften. Ein Mann, berichtete Hull, war unter diesen

---

Mit der Verabschiedung des Comprehensive Smoking Prevention Education Act von 1984 mußten die Tabakfirmen jedoch beginnen, dem bundesstaatlichen Office on Smoking and Health (OSH) Listen aller Zusätze zu liefern, die in Zigaretten vorkommen. Die Listen werden so umgestellt, daß weder Zigarettenmarken noch Tabakgesellschaften anhand bestimmter Zusätze identifiziert werden können. (Die „Großen Sechs" der amerikanischen Zigarettenhersteller übergeben ihre Listen einer Anwaltskanzlei in Washington, Covington and Burling, die dann eine Einheitsliste für das OSH erstellt.) Die Gesamtliste steht entsprechend den Vereinbarungen des Kongreßbeschlusses von 1984 unter strengem Verschluß. (Nicht einmal mit meiner Eingabe unter Berufung auf den Freedom of Information Act konnte ich auch nur die *Anzahl* der Zusatzstoffe auf der Liste in Erfahrung bringen.)

Das OHS prüft jetzt, ob irgendwelche Substanzen auf der Liste schädlich sein könnten. Das Amt ist bevollmächtigt, seine Befunde dem Kongreß zu übergeben, der dann für weitergehende Schritte verantwortlich wäre. Denn wie Dr. Ronald Davis, der Direktor des OSH bemerkt: »Wir sind nicht befugt, Maßnahmen ergreifen, und auch sonst ist niemand dazu befugt.«[16]

Allerdings scheint die ganze Frage der Zusatzstoffe die Öffentlichkeit in einer Weise zu erregen, die schon beinahe komisch ist. Tabak ist wahrlich in der Lage, Menschen auf mehrere Arten umzubringen, auch ohne daß ihm etwas beigemengt wird. Es ist vernünftig, sich darüber Sorgen zu machen, ob einige *zusätzliche* tödliche Substanzen in Zigaretten gelangen, doch ein Mensch, der sich allein über die Zusätze aufregt, ist wie jemand, der beschossen wird und sich voller Besorgnis fragt, ob der Angreifer Dumdumgeschosse benutzt.

Bedingungen sogar davon überzeugt, Rauchringe blasen zu können, und vollführte entsprechende Mundbewegungen.[15]

In den frühen fünfziger Jahren wurden einige Experimente zur Identifizierung von Tabakmarken durchgeführt, die in die gleiche Richtung wiesen: Testpersonen erreichten bei dem Versuch, verschiedene amerikanische Zigaretten zu identifizieren, deren Markennamen verdeckt waren, eine nur unwesentlich höhere Trefferquote, als ein Zufallsentscheid gebracht hätte. Eines der Experimente ergab allerdings, daß die Leistungen etwas besser waren, wenn die eigene Marke erkannt werden sollte.

In jüngerer Zeit kamen Adam Jaffe und Alan Glaros zu dem Ergebnis, daß bestimmte Paare von Zigaretten, etwa Virginia Slims und Vantage oder Vantage und Marlboro Lights, von fast der Hälfte aller 50 untersuchten Raucher als die gleichen beurteilt wurden. Nur 22 Prozent der Raucher konnten aus sieben getesteten Marken ihre eigene korrekt herausfinden.[17]

Diese Autoren taten uns zusätzlich den Gefallen und trennten den Nikotingehalt von anderen Faktoren, die bei der Fähigkeit des Rauchers, verschiedene Marken zu erkennen, eine Rolle spielen. Sie fanden heraus, daß Raucher Zigaretten an anderen Eigenschaften als am Nikotingehalt unterscheiden *können*. Sie tauften diese Eigenschaft „scharf-fad“, was den Streit zu beenden scheint, ob der Geschmack an sich, oder aber etwas Vergleichbares – der „Biß“ der Zigarette zum Beispiel –, überhaupt eine Rolle bei der Wahl der Zigarettenmarke spielen *kann*.

Mir scheinen die ziemlich dürftigen Leistungen, die Raucher bei Experimenten zur Markenerkennung an den Tag gelegt haben, dafür zu sprechen, daß der Geschmack nur sehr vage an der Wahl der Zigarettensorte beteiligt ist. Bei der Entscheidung zwischen Zigarettengruppen mit ähnlichem Geschmack hat wahrscheinlich die Reklame großen Einfluß.

All dies betrifft die Frage, ob Raucher sich bei ihrer Wahl zwischen verschiedenen Marken nach dem Geschmack richten; es sagt wenig darüber aus, ob der Geschmack ein Motiv ist, überhaupt *zu rauchen*. Hier sprechen der gesunde Menschenverstand und die wenigen verwertbaren wissenschaftlichen Ergebnisse dafür, daß der Geschmack, wenn überhaupt, ein ziemlich schwaches Motiv darstellt.

Salvatore Zagona und Louis Zurcher junior befragten einmal 1600 rauchende Collegestudenten, und nur etwa 20 Prozent davon gaben an, sie würden den Geschmack beim Rauchen genießen.[18] Eine norwegische Umfrage unter mehreren tausend Erwachsenen (darunter auch einige Nichtraucher) ergab, daß nur rund zwölf Prozent glaubten, Menschen würden wegen des Geschmacks rauchen.[19] Sogar diese niedrigen Zahlen könnten noch angezweifelt werden. Wie wir gesehen haben, ist der Geschmack einer der wenigen akzeptablen Gründe für das Zigarettenrauchen, und bewußt oder unbewußt könnten ihm Menschen zu viel Bedeutung beimessen.

Immerhin könnten wir die Idee, der Geschmack sei ein Beweggrund für das Rauchen, dann ernster nehmen, wenn Menschen regelmäßig *irgend etwas* rauchen würden, das keine Droge ist. Bedenken Sie, was Menschen rauchen: Opium, Marihuana, Crack und Tabak, um die bekanntesten Stoffe zu nennen. Jede Substanz, die mir einfällt und die Menschen durch ihre Lunge schleusen, ist wie diese Stoffe psychoaktiv. Um mein Argument anders zu formulieren: Wenn der Geschmack ein wichtiger Beweggrund für das Rauchen wäre, warum haben sich dann im Laufe der Jahrhunderte nicht Millionen von Menschen angewöhnt, etwas zu rauchen, das großartig schmeckt, statt etwas, dessen Geschmack stark verändert werden muß, wie das beim Tabak der Fall ist? Ich glaube, daß der Geschmack an sich kein ausreichendes Motiv darstellen kann, um Menschen dazu zu bewegen, etwas so grundlegend Widersinniges zu tun wie das Einatmen von Rauch in die Lunge.

Doch winzige Belohnungssteigerungen addieren sich und animieren Menschen schließlich zur Tat, und der Geschmack kann beim Rauchen ein solcher Belohnungszuwachs sein. Der Wert des Geschmacks als Motivator gewinnt zusätzlich an Bedeutung, wenn wir ihn als Beispiel für einen sogenannten „sensorischen Hinweisreiz" beim Rauchen ansehen. Zigaretten liefern sensorische Stimulation in Fülle. Das Rauchen stimuliert den Gesichts-, Geruchs-, Tast- und Geschmacksinn, und der Gehörsinn könnte durch die Hintertür angesprochen werden, wenn wir das schwache Knistern brennender Blätter und das Geräusch beim Ausatmen des Rauches mit einbeziehen. Das menschliche Tier strebt natürlicherweise nach sensorischer Stimulation. Psychologen sagen uns, daß eine solche Stimulation unter anderem „informationsvermittelnd" ist. Sie hilft uns dabei, uns in Raum und Zeit zu orientieren; sie sagt uns auf einer kontinuierlichen Basis, daß unsere Welt existiert und wir in ihr funktionieren.

Von all den Stimulationen, die das Rauchen vermittelt, hat sich in den letzten Jahren eine als bedeutend genug erwiesen, um umfangreiche Forschungen zu rechtfertigen. Es geht um die Stimulation des menschlichen Atemweges, vom Mund durch Hals und Luftröhre bis in die Lunge. Die Ansicht, daß das Rauchen zum Teil durch eine solche Stimulation der oberen Luftwege motiviert ist, wurde in wissenschaftlichen Journalen jahrzehntelang diskutiert, doch die Idee schien nirgendwo hinzuführen, bis Mitte der achtziger Jahre ein junger Forscher namens Jed Rose, Leiter des Veterans Administration Nicotine Research Laboratory in Durham, North Carolina, sie wieder neu belebte.

Roses zentrale Idee ist einsichtig: Die Befriedigung, die Raucher aus Zigaretten ziehen, entspringt zum Teil bestimmten körperlichen Empfindungen, die der Zigarettenrauch beim Durchströmen des Atemtraktes erzeugt. Der Geschmack ist einer davon; eine andere bemerkenswertere Empfindung wird jedoch durch den Aufprall der winzigen Rauchpartikel hervorgerufen, wenn sie gegen den Rachen, die Luftröhre und die Lunge stoßen. Dieses Gefühl wurde als „Kratz-Effekt" beschrieben, und man kann ihn als eine Art belohnender Reizung betrachten. (In der älteren Literatur zum Thema Rauchen wurde dieses Phänomen manchmal als „Pulmonalerotik" bezeichnet, was vielleicht der einzige elegante Ausdruck ist, den die Erforscher des Rauchverhaltens je geprägt haben.)

Rose entwickelte eine ausgedehnte Analogie zwischen Essen und Rauchen, um seine Theorie zu illustrieren. Wissenschaftler haben beobachtet, daß Menschen, denen in Laborversuchen Nährstoffe intravenös verabreicht werden, nur wenig von ihrem Hungergefühl verlieren, auch wenn sie auf diesem Weg eine beträchtliche Nahrungsmenge erhalten. Ebenso berichten Raucher, die Nikotin beispielsweise in Form von Nikotinkaugummi zu sich nehmen, immer wieder, daß sie sich dennoch nach Zigaretten sehnen.

»Beim Rauchen einer Zigarette erzeugt der Geschmack des Zigarettenrauches und das Gefühl im Hals, das jeden Zug begleitet, eine sofortige Befriedigung«, schrieb Rose, »genauso, wie das Schmecken und Schlucken von Nahrung und das nachfolgende Gefühl des vollen Magens Befriedigung erzeugt, wenn man ißt«.[20] Niemand wäre zufrieden, wenn er am gedeckten Tisch sitzen dürfte und dabei an einem Glukosetropf hinge, wird argumentiert; warum also sollten wir erwarten, daß Raucher zufrieden sind, wenn sie einen Nikotinkaugummi vorgesetzt bekommen?

Um nachzuweisen, daß Menschen einen Nutzen aus der Stimulation der oberen Luftwege ziehen, mußten Rose und seine Mitarbeiter zuerst die dadurch erlangte Befriedigung von der durch das Nikotin erzeugten trennen. Zu diesem Zweck ließen sie ihre Versuchspersonen mit einem Anästhetikum gurgeln und es inhalieren, so daß Mund und Atemwege gefühllos wurden. Anschließend atmeten die Versuchspersonen genau dosierte Mengen von Zigarettenrauch ein. In einem zweiten Experiment durchlief dieselbe Personengruppe die ganze Prozedur noch einmal, nur daß sie diesmal mit einer Salzlösung ohne betäubende Wirkung gurgelte. Vor und nach jedem dieser beiden experimentellen Durchgänge wurden die Personen gefragt, wie sehr sie sich nach einer Zigarette sehnten.

Das Ergebnis zeigte, daß die Versuchspersonen mit betäubten Atemwegen signifikant häufiger das Bedürfnis nach einer Zigarette äußerten. Nun fragt man sich natürlich nach dem Grund, da doch in beiden Experimenten dieselbe Menge Nikotin in ihren Körper gelangte? Der einzige Unterschied zwischen den beiden Tests bestand darin, daß sie im einen Fall die Rauchpartikel nicht fühlen konnten, und im anderen schon.

Wenn Rose diese Personen jedoch im Anschluß an das dosierte Rauchen 30 Minuten lang nach Belieben rauchen ließ, zeigte sich, daß sie nach der Betäubung nicht *mehr* rauchten als nach dem Experiment mit der Salzlösung, und daß sie nach der einen Vorbehandlung nicht *mehr* Lust auf eine Zigarette hatten als nach der anderen.

Rose schloß daraus, daß die *unmittelbar*e Befriedigung, die Menschen durch das Rauchen einer Zigarette erhalten, zum Teil von der Stimulation der Atemwege durch den Rauch stammen könnte. Die *langfristige* Befriedigung durch das Rauchen könnte dagegen gut von einem anderen Faktor abhängen, wobei das Nikotin bei weitem der wahrscheinlichste Kandidat ist. Wieder stellt Rose eine Analogie zur Nahrungsaufnahme her. Wenn Menschen an Wassermangel leiden, werden sie durstig und trinken Flüssigkeiten. Dies stimuliert zum Gehirn führende Nerven, die sofort „Wasserstand jetzt in Ordnung“ signalisieren, und der Durst hört auf. Diese Sättigung erfolgt jedoch lange bevor das Wasser die Stellen im Körper erreicht, die ursprünglich den Wassermangel signalisierten. Gleichermaßen, denkt Rose, könnte die Stimulation der Atemwege bei einem Nikotinmangel dem Gehirn „Nikotinspiegel jetzt in Ordnung“ signalisieren.

Bei dieser Beweisführung erlangt die Atemwegstimulation ihre Bedeutung durch ihre *Koppelung* mit dem Nikotin. In der Sprache der Psychologen ist sie ein „konditionierter Verstärker“, und das Nikotin ist ein „unkonditionierter Verstärker“.

Hier besteht eine Analogie zu Pawlow und seinem berühmten Hund. Fleisch war für den Hund ein unkonditionierter Stimulus – er löste Speichelfluß aus, ohne mit etwas gekoppelt zu sein. Pawlows Glocke dagegen war ein konditionierte Stimulus: Pawlow koppelte sie mit dem Fleisch, indem er sie jedesmal direkt vor dem Füttern läutete, und schließlich konnte das Ertönen der Glocke allein den Speichelfluß auslösen. Dies ist für den nächsten Schritt in Roses Argumentation von Bedeutung. Nach einiger Zeit, sagt er, könnte die Stimulation der Atemwege allein schon als lohnend empfunden werden – sie wird zu einem unkonditionierten Verstärker.

Dies scheint mir nicht besonders überzeugend zu sein. Was ist *für sich genommen* Belohnendes daran, wenn Tabakpartikel gegen die Luftröhre prallen? Auf den ersten Blick scheint dies nicht viel belohnender zu sein, als ein kühles Glas zu berühren – es handelt sich dabei um einen Vorgang, den man zwar beiläufig vollzieht, den man aber wahrscheinlich nicht als so angenehm empfinden wird, daß man es unbedingt wieder tun möchte. Wie sich jedoch herausgestellt hat, scheinen Zigaretten eine direkte *Nikotin*-Belohnung durch die Stimulation der Atemwege zu versprechen. Darin läßt sich wiederum ein unkonditionierter Verstärker erkennen, und zwar mit noch größerem Recht als im Falle des Einatmens von Tabakrauch.

Karl Ginzel ist ein Pharmakologe an der University of Arkansas, der seit mehr als 20 Jahren mit Nikotin experimentiert. Er injizierte Katzen Nikotin in den Vorhof der rechten Herzkammer; diese pumpt Blut zur Lunge. Auf die Injektionen geschahen zwei Dinge mit den Katzen: ihre Muskeln entspannten sich, und sie wurden aufmerksamer.[21] (Tatsächlich erwachten sie aus dem Schlaf und zeigten einen leichten Alarmzustand.) An und für sich ist diese Wirkung nicht besonders überraschend; wie wir später sehen werden, kann Nikotin alle möglichen Doppelaktionen dieser Art bewirken.

Das Bemerkenswerte an den Ergebnissen Ginzels und seiner Mitarbeiter ist, daß diese Reaktionen bereits eine oder zwei Sekunden nach der Nikotininjektion auftreten. In dieser kurzen Zeitspanne kann das Nikotin unmöglich durch den Blutstrom das Gehirn und die peripheren Organe erreichen. Bei der Katze setzen die Wirkungen sogar schon ein, bevor das Nikotin in den allgemeinen Kreislauf gelangt ist. Was geschieht hier?

Ginzel fand heraus, daß diese Effekte von Nervenfasern bewirkt werden, die *in der Lunge* liegen. Sensorische Nervenenden reagieren dort auf das Nikotin und übertragen Botschaften direkt ins Gehirn. Mehr noch, diese Lungenfasern können durch das Nikotin im Zigarettenrauch genauso leicht stimuliert werden wie durch Nikotin, das in den Vorhof injiziert wird. Mit anderen Worten, das Kreislaufsystem ist nicht notwendig, um die Wirkungen des Nikotins in Gang zu setzen: Die Stimulation der Atemwege bringt dies zuwege.

Eines der Argumente gegen die Atemwegstimulation als Motiv für das Rauchen ist, daß Millionen von Menschen Tabak in einer Form konsumieren, die keinerlei Kratzen im Hals bewirkt. Tatsächlich ist die Zigarette die einzige Tabakform, die diese Stimulation bietet. Das Tabakkauen und -schnupfen bietet dies offensichtlich nicht, und Pfeifen- und Zigarrenraucher inhalieren selten; was immer diese Raucher an Stimulation bekommen, bleibt auf den Mund beschränkt und läßt Ginzels Nervenfasern völlig aus dem Spiel. Dennoch war im Amerika des 19. Jahrhunderts das Tabakkauen höchst beliebt, und bei der besseren Gesellschaft im England des 18. Jahrhunderts war es der Schnupftabak. Die Gewohnheit wurde dort jeweils durch Generationen weitergegeben, ohne daß jemand auch nur eine Spur Pulmonalerotik verspürt hätte.

Es scheint mir jedoch, daß sich ein Argument *für* die Atemwegstimulation – eine Kombination der Gründe von Rose und Ginzel – anhand genau dieser Art von historischer Beweisführung finden läßt. Warum machten vor hundert Jahren Zigaretten zwei Prozent des Tabakmarktes aus, heute aber 95 Prozent? Dazu gibt es eine Reihe von Spekulationen. Es werden beispielsweise soziologische Theorien vorgebracht, etwa, daß Zigaretten zu einer Gesellschaft passen, die nach der Stoppuhr lebt, da sie „ein paar schelle Züge" ermöglichen. Die Massenbewegung in Richtung Zigarette ist jedoch auch mit der Atemwegstimulation vereinbar, die Zigaretten – und nur Zigaretten – bieten. Da Menschen Tabak jedoch auch in anderer Form konsumieren, muß es noch andere Gründe geben.

Diese Aussage über die direkten Wirkungen des Inhalierens gelten auch für andere Drogen. Die natürliche Grundlage des Morphiums, das Opium, war in China weithin als entspannende und therapeutische Droge bekannt, ehe die Menschen begannen, es zu *rauchen*. Erst dann, also ab dem 18. Jahrhundert, breitete sich eine verheerende Abhängigkeit unter der Bevölkerung Chinas aus.* In diesem Zusammenhang sind die Ergebnisse eines Forschers namens Hreday Sapru erwähnenswert, der nachwies, daß die Nervenendigungen in der Lunge, die auf Nikotin ansprechen, auch Rezeptoren für Morphium enthalten.[22]

---

* Wir haben guten Grund anzunehmen, daß das Rauchen im Sinne einer Handlungsanweisung zu den Chinesen kam und daß dies dann im 18. Jahrhundert auf das Rauchen von Opium angewandt wurde, das bis dahin oral eingenommen worden war. Wenn dies so ist und wenn man bedenkt, was mit der Bevölkerung Chinas geschah, haben wir mit dem Tabak ein spektakuläres Beispiel für eine „Einstiegsdroge" oder zumindest eine Einstiegstechnik.[23]

Das Kokain liegt unserem Erfahrungsbereich näher. Es stellte in den Vereinigten Staaten während der ganzen siebziger und in den frühen achtziger Jahren bereits ein ernstes Problem dar, eskalierte aber erst Mitte der achtziger Jahre zu einer Krise, als eine rauchbare Form der Droge, das Crack, weiten Kreisen zugänglich wurde.

Es ist ein Postulat der Drogenforschung, daß eine Droge um so belohnender ist, je schneller sie wirkt. Ganz abgesehen von den Argumenten, die Rose und Ginzel vertreten, ist klar, daß Drogen schneller in den Kreislauf gelangen, wenn man sie raucht, als wenn man sie schluckt oder schnupft. Darüber hinaus sind Rose und Ginzel jedoch der Ansicht, daß die inhalierte Form – zumindest was den Tabak betrifft – leichter zu Abhängigkeit führen kann, nicht nur weil sie schneller wirkt, sondern weil sie fast augenblicklich *zusätzliche* Wirkungen erzielt. Die Parallelen zu anderen Drogen sind offensichtlich, aber auch offensichtlich spekulativ.

Noch kann man nicht sagen, zu welchen Ergebnissen dies führen wird, doch habe ich das Gefühl, die Atemwegstimulation könnte sich als wichtiges Teilchen im Puzzle des Zigarettenrauchens erweisen. Zur Zeit fehlt dem Puzzle noch ein großes Stück: Warum vermissen Menschen Zigaretten auch dann noch, wenn sie Nikotin auf anderen Wegen erhalten? Die Theorie der Atemwegstimulation peilt genau diese Frage des „Verlangens" an. Als Rose ein Ergebnis nach dem anderen erhielt, das seine Ideen bestätigte, ging er einen Schritt weiter und wandte diese Arbeit auf zwei praktische Ziele an: Auf die Entwicklung neuer Wege, um Menschen zu helfen, sich das Rauchen abzugewöhnen, und auf die Entwicklung einer „ungefährlicheren" Zigarette (was seit Jahrzehnten eine Art Heiliger Gral in der Erforschung des Rauchens ist). Die Zeit wird erweisen, was auf all diesen Gebieten noch geschieht.

Sie haben vielleicht bemerkt, daß wir uns in diesem Kapitel, das eigentlich den Gründen für das Rauchen – *mit Ausnahme* der Wirkungen des Nikotins – gewidmet ist, dennoch intensiv mit dem Nikotin auseinandergesetzt haben. Wie das Rauchen die Raucher selbst verblüfft, so verblüfft es auch Autoren, die versuchen, seine Auswirkungen in sauber getrennte Kategorien zu gliedern. Jetzt werden wir uns aber *wirklich und wahrhaftig* mit dem Nikotin befassen. Damit Sie eine Art Vorahnung auf das bekommen, was nun folgen wird, denken Sie zurück an jene zwei Wirkungen des Nikotins, auf die Karl Ginzel stieß, als er es seinen schlafenden Katzen injizierte: körperliche Entspannung und geistige Anregung. Welch herrlich klingende Kombination. Was für ein Paradoxon. Was für eine Droge.

3

Was Menschen anregt und Elefanten einschläfert

Der Mißbrauch von Drogen gehört zumindest seit der Antike zur Zivilisation – der römischen Gesellschaft war bewußt, daß einige ihrer Mitglieder ein Alkoholproblem hatten –, doch die schwierigsten Drogenfragen sind bis heute ungelöst. Wie kann man Menschen dauerhaft von suchterzeugenden Substanzen entwöhnen? Woher sollen wir wissen, wer solche Stoffe in Maßen genießen kann, und wer der Abhängigkeit in den Rachen fällt? Auf beiden Gebieten wurden zwar Fortschritte erzielt, doch wir werden (mindestens) bis zum 21. Jahrhundert warten müssen, ehe wir eindeutige Antworten auf diese Fragen erhalten – außer es kommt vorher zu einem wissenschaftlichen Durchbruch. Das liegt nicht am Unvermögen der Wissenschaftler, sondern an der Verworrenheit des Problems.

Drogenmißbrauch hat auf grundlegende Weise mit menschlicher Motivation zu tun, und vielleicht ist kein Thema so komplex wie dieses. Die Funktionsweise ferner Sterne ist beispielsweise eine komplizierte Angelegenheit, doch die Gesetze der Physik stellen einen beachtlichen Satz von Regeln zur Verfügung, die ausschließen, wie Sterne sich verhalten *könnten*. Physiker können sich auf ihr Wissen verlassen, daß in den physikalischen Systemen die meisten Dinge, die nicht von vorne herein unmöglich sind, zwangsläufig ablaufen müssen. Daher können sich Astrophysiker mit Sternen befassen, indem sie die Mathematik auf ihre Beobachtungen anwenden. Doch wo sind unsere Gleichungen für die menschliche Motivation? Natürlich gibt es keine; zu viele variable Faktoren sind daran beteiligt, und unser bisheriges Wissen ist zu begrenzt.

Man könnte argumentieren, daß die Komplexität der menschlichen Motivation nicht ihresgleichen hat, weil das komplexeste Objekt, das wir kennen, das menschliche Gehirn ist.

Wenn die Wissenschaft bisher auch nicht viel Erfolg bei der Erforschung der menschlichen Motivation und ihrer Beziehung zum Suchtverhalten hatte, so gelang es ihr doch, die Drogen selbst zu verstehen. Im 19. Jahrhundert war die Chemie bereits so weit fortgeschritten, daß Wissenschaftler die speziellen Bestandteile bestimmen konnten, die natürlicherweise in Pflanzen vorkommen und als Droge wirksam sind. Das Morphium wurde 1803 von Friedrich Wilhelm Serturner aus den Fruchtkapseln des Schlafmohnes isoliert.[1] Zwischen 1859 und 1860 extrahierte Albert Niemann das Kokain aus den Blättern des Kokastrauches[2], und 1828 isolierten Posselt und Reimann das Nikotin aus der Tabakpflanze.[3]

Wenn wir diese Drogen miteinander vergleichen, können wir feststellen, daß sich das Nikotin von den beiden anderen unterscheidet; es erlebte als isolierter Wirkstoff in der Gesellschaft niemals eine Blütezeit, während dies bei Morphium und Kokain der Fall war. Als reines Morphium und Kokain erst einmal zur Verfügung standen, begann man sie in weiten Teilen der Bevölkerung intensiv zu verwenden. Der Grund dafür lag zum Teil darin, daß beide Drogen in der Medizin eine bedeutende Rolle spielten – das Morphium als Schmerzmittel und das Kokain als lokales Betäubungsmittel –, doch beide wurden auch zu Suchtmitteln. Der Morphiummißbrauch setzte bereits früh im 19. Jahrhundert ein, der von Kokain erst gegen Ende des 19. Jahrhunderts. Beide Drogen waren nicht nur in reiner Form erhältlich, sondern auch als Zusatz in allen möglichen Produkten, vom Hustensaft bis zur Coca-Cola. Dies ist mit Nikotin nie geschehen; niemand erfand je ein „Dr. Brauns Elixier", das einen Schuß Nikotin enthielt. Erst in jüngster Zeit hat es sich die Industrie zum Ziel gemacht, Nikotin in isolierter Form zur Verfügung zu stellen, zum Beispiel in Atemsprays; diese Produkte scheinen Raucher als Zielgruppe zu haben, die nicht mit dem Rauchen aufhören können.

Man ist versucht zu spekulieren, daß Nikotin nie in anderen Produktformen als in Tabakwaren vermarktet wurde, weil Menschen wenig mit Nikotin anfangen können, wenn es nicht in Tabakblätter eingebunden ist. Die pharmazeutischen Unternehmer des 19. Jahrhunderts – die legalerweise Morphium oder Aspirin vertreiben konnten – waren geschickt genug, dem zahlenden Publikum anzubieten, was immer es in bezug auf Drogen, samt dem entsprechenden Zubehör, wollte. (Das Warenhaus Sears Roebuck bot in seinem Versandkatalog von 1897 eine

Kollektion von Injektionsnadeln an.[4]) Wenn die Industrie keine Auswahl an Nikotinprodukten anbot, wie sie das bei Morphium und Kokain tat, könnte das daran gelegen haben, daß solche Produkte einfach nicht gefragt waren.

Anders formuliert könnte man sagen, daß Zigarren oder Zigaretten die beste Darreichungsform für Nikotin darstellen, während bei Morphium oder Heroin die Injektionsnadel gewählt wird. Wir haben bereits gesehen, wie effizient inhalierter Zigarettenrauch die Wirkungen des Nikotins von der Lunge bis ins Gehirn bringen kann. Betrachten wir seine allgemeinen Auswirkungen auf den Kreislauf. Wenn ein Mensch Zigarettenrauch einatmet, erreicht das darin enthaltene Nikotin das Gehirn über die Blutbahn in etwa acht Sekunden; das ist schneller als bei einer intravenösen Injektion.[5] Nach 15 bis 20 Sekunden ist das Nikotin dann bis zum letzten Außenposten des Körpers, der große Zehe, gelangt.[6] Als Übertragungssystem ist die Inhalation leistungsfähiger als jeder „Dr. Brauns Nikotintrank", der möglicherweise einmal entwickelt werden könnte; ein solcher Trank würde im Magen und in der Leber weitgehend inaktiviert, ehe er in den Blutkreislauf gelangen könnte. Im Gegensatz dazu werden mehr als 90 Prozent des Nikotins im inhalierten Zigarettenrauch von der Lunge resorbiert.[7]

Es ist ein Glück, daß so viel von dem oral aufgenommenen Nikotin inaktiviert wird; anderenfalls würden kleine Kinder, die Zigaretten essen, mehr Beschwerden bekommen als nur Erbrechen, Krämpfe und Durchfall.[8] Nikotin ist eine starke Droge, und wenig davon bewirkt viel. Früher verwendete man zum Einfangen von Wildtieren „Betäubungsgewehre" mit Nikotinpfeilen, um Tiere bis zur Größe von Elefanten ohne Lebensgefahr außer Gefecht zu setzen.[9] Ein Mensch, der eine Tasse Kaffee trinkt, nimmt etwa 120 Milligramm Koffein zu sich; würde er auch nur halb soviel Nikotin in sein Verdauungssystem bringen, würde er wahrscheinlich daran sterben.[10] Raucher ziehen das, was sie brauchen, aus dem *einen* Milligramm Nikotin, das eine Zigarette durchschnittlich enthält.[11]

Diese Menge ist mit bloßem Auge kaum zu erkennen, selbst dann nicht, wenn man die Dosis einer ganzen Zigarette in einem einzigen Tropfen konzentrieren würde. In Wirklichkeit jedoch gelangt das Nikotin in Form von tausend kleinen Tröpfchen in den Körper, von denen jedes in einem festen Teilchen teilweise verbrannten Tabaks (dem „Teer") sitzt. Diese Nikotintröpfchen sind so winzig, daß sie bis in die feinsten Verzweigungen der Lunge vordringen können. Dort werden sie wie ein Anhalter vom Blut mitgenommen, das eigentlich zur Lunge kam, um Sauerstoff aufzunehmen. Von der Lunge ist es nur ein kurzer

Weg in die linke Herzkammer, und von hier aus wird das Nikotin dann in jeden Winkel des Körpers gepumpt.

Wissenschaftler sprechen manchmal von einer „Wirkungskaskade", die von einer einzigen Ursache herrührt. Dieser Ausdruck ist im Falle des Nikotins wirklich angemessen. Von dem Moment an, in dem es in der Lunge angelangt ist, zeigen sich seine verschiedenen aufeinander zurückwirkenden Effekte, die völlig neue Prozesse in Gang setzen. Man braucht keine wissenschaftlichen Meßgeräte, um diese Auswirkungen zu registrieren. Mit der ersten Zigarette des Tages nimmt die Frequenz des Herzschlages um zehn bis 20 Schläge pro Minute zu; der Blutdruck steigt um fünf bis zehn Punkte[12], und die Körpertemperatur in den Fingerspitzen nimmt ab, da sich die Blutgefäße zusammenziehen.

Diese Auswirkungen nehmen nicht mit jeder Zigarette im gleichen Maß *zu*. (Schade: Wenn es so wäre, würde niemand Zigaretten rauchen.) Bedenkt man jedoch die Zeit, während der das Nikotin im Blutkreislauf bleibt, befindet sich der durchschnittliche Raucher den ganzen Tag und die ganze Nacht in einem veränderten Zustand. Das Nikotin im Blut steigt während des Tages auf eine Weise an, die einen an die Gezeiten denken läßt. „Wellen" von Nikotin kommen mit jeder Zigarette und gehen rasch wieder zurück, aber die „Nikotinflut" steigt während des Tages allmählich an und fällt dann während des Schlafes ab. Die Flut ist jedoch hoch genug und fällt so langsam, daß das Nikotin in den meisten Rauchern 24 Stunden am Tag wirksam ist; sie sind nie ganz frei von der Droge.

Woher bezieht das Nikotin seine Macht? Wie erreicht es, daß Herzen schneller schlagen und Menschen zu leidenschaftlichen Rauchern werden? Die Antwort ist im Nervensystem zu suchen. So unmißverständlich sind dort die Auswirkungen des Nikotins, daß man mit seiner Hilfe einen großen Teil des menschlichen Nervensystems „kartierte", ehe es als suchterzeugende Droge erkannt wurde.[13] Tatsächlich veranlaßte die Arbeit über die Wirkungsweisen des Nikotins Wissenschaftler um die Jahrhundertwende zu der Vermutung, daß chemische Stoffe bei der Übertragung von Botschaften zwischen Nervenzellen beteiligt sind.[14] Wir wollen uns einen Augenblick Zeit nehmen und dieses Phänomen genauer betrachten.

Jedesmal, wenn Sie eine Seite in diesem Buch umblättern, geht ein Befehl an Ihre Hand, damit sie sich bewegt; die Botschaft wird von einem Bereich in der Nähe des Scheitelpunktes Ihres Gehirns (dem sogenannten *motorischen Cortex*) über den Hirnstamm und das Rükkenmark bis in Ihre Hand geleitet. (Wenn Sie die Seiten mit der *rechten* Hand umwenden, kommt der Befehl aus der oberen *linken* Seite des

Gehirns.) Die Distanz vom Gehirn bis zur Hand wird überwiegend mit Hilfe elektrischer (oder genauer, elektrochemischer) Prozesse überwunden. Dabei handelt es sich nicht um jene Art von Elektrizität, die zwischen der Steckdose in der Wand und einem Waffeleisen verläuft (unter anderem ist die Übertragung des Nervensystems langsamer), doch sie ist ihr ähnlich. Nervenzellen (*Neuronen*) haben verschiedene Fortsätze: Über die *Dendriten* nehmen sie Signale von anderen Nervenzellen auf, mit dem *Axon* leiten sie Nachrichten an andere Nervenzellen weiter. Wenn eine einzelne Nervenzelle aktiviert wird, sendet sie eine elektrische Botschaft vom Zellkörper durch das von ihr ausgehende Axon; doch die Reichweite ist begrenzt. Damit unsere Botschaft auf weitere Neuronen in der Leitung übertragen werden kann, muß sie von Fortsätzen anderer Nervenzellen (den Dendriten) aufgenommen werden.

Zwischen den Axonen der einen Nervenzelle und dem Dendriten der nachgeschalteten Nervenzelle besteht keine ununterbrochene elektrische Verbindung, da sie einander nicht berühren. Sie kommen sich zwar nah – bis auf etwa 20 Milliardstel eines Meters –, sie sind aber doch durch diesen winzigen Abstand voneinander getrennt. Man nennt diesen Abstand gewöhnlich *synaptischer Spalt*; die gesamte Verbindungsstelle zwischen Axon und Dendrit wird als *Synapse* bezeichnet.

Wie überwindet unsere elektrische Botschaft diese Distanz? Sie wird für ihre Reise durch den Spalt in eine *chemische* Botschaft umgewandelt. Wenn das elektrische Signal an das Ende eines Axons gelangt, scheiden dort winzige Speicherbläschen eine Substanz, den sogenannten *Neurotransmitter*, aus, und der fließt in den synaptischen Spalt. Sobald der Neurotransmitter den Dendriten – auf der anderen Seite des Spaltes – erreicht, verbindet er sich mit einer chemischen Substanz auf dessen Oberfläche, die *Rezeptor* genannt wird. Wenn sich Neurotransmitter und Rezeptor verbunden haben, stimuliert dieser Komplex den Dendriten, ein neues *elektrisches* Signal durch die Nervenzelle zu schikken, und der Prozeß geht weiter. Die Erregungsleitung ist also ein Vorgang, bei dem elektrische, chemische und wieder elektrische Prozesse im Wechsel ablaufen.

Nun ist das Nervensystem deshalb so unglaublich vielseitig, weil es Dutzende dieser Neurotransmitter gibt, die *selektiv* auf Rezeptoren in den Dentriten ansprechen. Mit anderen Worten, nicht jede Rezeptorstelle wird auf jeden Transmitter reagieren. Stellen Sie sich einen Neurotransmitter als einen Mann vor, der in den zwanziger Jahren (als in Amerika der Alkohol verboten war) zu einer illegalen Kneipe kommt, um eine Nachricht zu überbringen. Er klopft an die Tür, das

Guckloch öffnet sich, und er sagt: »Tom hat mich geschickt.« Dies ist die Botschaft, auf die der Türsteher reagieren darf, also öffnet er die Tür, und unser Mann geht hinein. Falls er dem Türsteher aber sagt: »Harry hat mich geschickt«, bringt ihn dies nicht weiter. Die Tür bleibt verschlossen, die Nachricht wird nicht überbracht.

Einer der wichtigsten Neurotransmitter des Körpers ist das *Acetylcholin* (ACH). Es wirkt unter anderem an den Synapsen zwischen Nerven und Muskeln im autonomen Nervensystem des Körpers, das die unwillkürlichen Körperfunktionen wie etwa die Herzschlagfrequenz kontrolliert, und im Gehirn selbst, wo es dabei hilft, Botschaften von einem Teil zum anderen zu senden. Nun hat sich herausgestellt, daß das Nikotin die Wirkungsweise des Acetylcholins nachahmen kann. In vielen Bereichen, in denen ACH als Neurotransmitter wirksam ist, könnte an seiner Stelle auch Nikotin eingesetzt werden. Wie erwähnt, hat man um die Jahrhundertwende mit Hilfe des Nikotins Teile des Nervensystems „kartiert". Nikotin wurde ins Nervengewebe geschleust, und Wissenschaftler verfolgten seine Wirkungen durch den neuronalen Stromkreis. Rezeptoren, die auf Nikotin genauso reagierten wie auf Acetylcholin, werden als *nikotinische Rezeptoren* bezeichnet.

Das Nikotin ist überall dort im Körper wirksam, wo es nikotinische Rezeptoren findet. An diesen stimuliert es unter anderem die Ausschüttung *anderer* Transmitter. Nikotinische Rezeptoren besitzen beispielsweise die adrenalinproduzierenden Nebennieren (Drüsen, die oben auf den Nieren sitzen); wenn sie eine Dosis Nikotin (oder ACH) erhalten, schütten sie die Neurotransmitter *Noradrenalin* und *Adrenalin* aus. Diese Neurotransmitter sind für einen Teil der stimulierenden Wirkungen des Nikotins verantwortlich. (Die Blutdrucksteigerung durch die erste Zigarette des Tages kommt zustande, weil die Blutgefäße selbst Noradrenalin ausschütten, wenn das Nikotin mit ihnen in Kontakt kommt.)

Die adrenalinproduzierenden Drüsen sind für die klassische menschliche Kampf- oder Flucht-Reaktion verantwortlich. Was geschieht, wenn wir tatsächlich von einem Schlag ins Gesicht bedroht sind? Unser Körper weiß, was vonnöten ist, falls wir kämpfen oder die Flucht ergreifen wollen, und stellt sich darauf ein, ohne daß wir darüber nachdenken müssen: Die Herzfrequenz erhöht sich, um einen vermehrten Blutausstoß zu erreichen, weniger Blut gelangt in unsere Extremitäten, weil wir das Blut im Kern unseres Körpers brauchen. Der *Blutdruck* steigt, da sich die Blutgefäße an der Peripherie des Körpers verengen. (Man presse Flüssigkeit durch ein enges Loch – indem man beispielsweise die Öffnung eines Gartenschlauchs teilweise mit dem Daumen zuhält –, und der Druck des Wassers steigt.)

Adrenalin und Noradrenalin bringen dies alles zuwege, sobald sie einmal in unseren Blutkreislauf entlassen wurden. Ganz gleich, ob sie nun aufgrund einer körperlichen Bedrohung ausgeschüttet werden – also durch die anregende Wirkung von ACH auf die Nebennieren und Blutgefäße – oder aufgrund der Inhalation von Zigarettenrauch, also durch die Wirkung von Nikotin.

Dies soll nicht heißen, daß diese Art von Stimulation *alles* ist, was das Nikotin bewirkt; wie wir noch sehen werden, ist es im ganzen Körper auf viele verschiedene Weisen tätig. Doch diese Wirkungen sind ein gutes Beispiel dafür, wie das Nikotin als Neurotransmitter und als Stimulans fungiert. (In dieser Hinsicht sind seine Wirkungen jenen des Kokains und der Amphetamine sehr ähnlich; beide regen ebenfalls die adrenalinproduzierenden Nebennieren an.)

Neben diesen stimulierenden Effekten kann das Nikotin jedoch auch noch andere Auswirkungen haben. Menschen antworten auf die Frage, warum sie rauchen, sehr oft: „Weil es entspannt". Denken Sie auch daran, daß Nikotin früher einmal benutzt wurde, um Elefanten bewußtlos zu machen. Wie aber kann eine Droge, die so anregend zu sein scheint, auch so beruhigend wirken?

Um diese Frage zumindest teilweise zu beantworten, müssen wir noch einmal den synaptischen Spalt betrachten. Wie wir gesehen haben, überwinden Botschaften des Nervensystems den Spalt mit Hilfe eines chemischen Fährbetriebs: Neurotransmitter werden am Ende eines Axons in den Spalt ausgeschieden; sie gelangen durch den Spalt zu den dendritischen Rezeptoren und verbinden sich mit ihnen; das chemische Signal wird daraufhin in ein elektrisches Signal zurückverwandelt, das weiter durch die Nervenzelle laufen kann.

Allein im Cortex des menschlichen Gehirns gibt es mindestens 10^{14} Synapsen – das sind hundert *Trillionen*[15]. Ein einziges Neuron im Gehirn kann kontinuierlich von Zehntausenden von Synapsen mit Informationen versorgt werden; Synapsen müssen also sehr rasch viele Befehle übertragen können. Es ist aber keinesfalls so, daß eine bestimmte Synapse eine Botschaft überträgt und dann eine halbe Minute untätig ist. Bei manchen Synapsen entläßt der Dendrit, sobald eine Nachricht übertragen ist, ein Protein, das den Transmitter zerlegt; daraufhin kann das Axonende Teile davon zur Wiederverwendung zurücknehmen („Recycling"). Genau dies geschieht mit dem Transmitter, der uns am meisten beschäftigt – dem Acetylcholin. So ist der synaptische Spalt in kürzester Zeit wieder für neue einlaufende Befehle frei.

Wir haben gesehen, daß das Nikotin an vielen Rezeptorstellen die Aufgaben des Acetylcholins übernehmen kann. In gewissem Sinne ist es jedoch wirksamer als das ACH, weil die Verbindung mit dem Rezeptor stärker ist und länger anhält.[16] In kleinen Dosen wird das Nikotin die Erregungsübertragung stimulieren, in höheren Dosierungen behindert es jedoch die Übertragung, weil es mit dem Rezeptor verbunden bleibt. In diesem Fall kann die Synapse nicht vollständig für eine neue Übertragung freigemacht werden. In sehr hohen Dosierungen bringt das Nikotin die Übertragung vollkommen zum Stillstand. Deshalb können Menschen an einer Überdosis Nikotin sterben: Ihre für die Atmung zuständigen Nervenleitungen hören einfach auf zu funktionieren, weil keine Botschaften mehr durchkommen können. Denken Sie an den Mann, der zu einer Kneipe kommt, um eine Botschaft zu überbringen. Große Dosen Nikotin sind einem *sehr dicken* Mann vergleichbar, der an die Tür kommt. Er kennt das Losungswort, das der Türsteher hören will. Er sagt es und erhält die Erlaubnis einzutreten, doch er ist so korpulent, daß er die Tür blockiert und kein anderer mehr hindurchkommen kann.

Das Nikotin kann also auf zweierlei Weise wirken; man sagt seine Wirkungen sind *biphasisch*. Eine kleine Menge der Substanz stimuliert, eine große dämpft. Tatsächlich aber sollten wir dies etwas anders formulieren: Wenig Nikotin stimuliert und viel dämpft in *Laborsituationen* – das heißt, unter experimentellen Bedingungen, in denen Pharmakologen große Mengen von Nikotin in isoliertes Nervengewebe bringen können. Wirkt es so aber auch in einem nervösen Raucher, der tiefe Züge aus einer Zigarette inhaliert? Manche Nikotinforscher haben da ihre Zweifel. Liefern Zigaretten wirklich genügend Nikotin, um die Übertragung an den nikotinischen Rezeptoren zu blockieren? Wenn das Nikotin auf zellulärer Ebene dämpfend wirken kann, gilt dies dann auch in einem ganzen, komplexen Organismus? Die Meinungen darüber sind geteilt, doch meiner Ansicht nach sprechen immer mehr Forschungsergebnisse dafür.

4

Auf ruhigem Kurs bleiben

Plakate zur Zigarettenwerbung sind nicht nur in den Vereinigten Staaten allgegenwärtig. Formatfüllend sieht man schöne, lachende Menschen, doch darunter steht die Warnung des Surgeon General, die ihre Zukunft voraussagt. Jugend und Schönheit Seite an Seite mit Tod und Krankheit, das eine in lebhaften Farben, das andere in Schwarzweiß.

Es gibt vier Warnhinweise des Surgeon General, und sie erscheinen im Turnus auf jeder Zigarettenreklame und -packung. Die Sprache, in der diese Hinweise abgefaßt sind, läßt einiges zu wünschen übrig, denn der Wortlaut kam erst nach hart umkämpften Verhandlungen mit der Tabaklobby zustande. Eine der Aussagen nennt die gesundheitsschädlichen Folgen des Rauchens beim Namen – „Rauchen verursacht Krebs, Herzkrankheiten, Emphyseme und kann zu Schwangerschaftskomplikationen führen". In früheren Textentwürfen des Kongresses war auch zu lesen, daß Rauchen süchtig macht.

Die anderen drei Warnhinweise sind weniger erschreckend; der Hinweis „Zigarettenrauch enthält Kohlenmonoxid" scheint weniger eine Warnung als reine Information zu sein. Die Gefährlichkeit von Kohlenmonoxid (CO) ist einer breiten Öffentlichkeit bekannt, was vermutlich von seiner Rolle als Selbstmordgas in geschlossenen Garagen herrührt. Aus der Warnung des Surgeon General geht jedoch nicht hervor, was es in den Mengen anrichtet, die in Zigaretten enthalten sind: Es kann Herzkrankheiten begünstigen, und es spielt eine Rolle bei der Verwertung der Atemluft.

Der eingeatmete Sauerstoff wird vom Hämoglobin, einem Protein in den roten Blutkörperchen, zu den verschiedenen Teilen des Organismus transportiert. Der Sauerstoff verbindet sich mit dem Hämoglobin wie zwei Menschen, die sich für die Dauer eines Tanzes gegenseitig festhalten. Wenn das Hämoglobin seinen Bestimmungsort erreicht hat, ist der Tanz zu Ende: Der Sauerstoff spaltet sich ab und findet in den Zellen Verwendung, das Hämoglobin kehrt zur Lunge zurück, um sich einen anderen Partner zu suchen.

Dieser Partner kann jedoch auch Kohlenmonoxid sein. Tatsächlich verbindet sich das Hämoglobin sogar lieber mit Kohlenmonoxid als mit Sauerstoff. CO-besetzte Hämoglobinmoleküle können keinen Sauerstoff mehr transportieren; da es zu jedem gegebenen Zeitpunkt immer nur eine bestimmte Anzahl von Hämoglobinmolekülen im Körper gibt, wird die Sauerstoffversorgung des Körpers schlechter. Dies ist einer der Gründe, warum Sie wohl niemals erleben werden, daß ein Raucher den Bostoner Marathonlauf gewinnt: Die Lungen sind durch den Teer verklebt und daher nicht voll leistungsfähig, und eine beträchtliche Anzahl der Hämoglobinmoleküle ist damit beschäftigt, Gift statt lebenserhaltenden Sauerstoff zu transportieren. Der Körper reagiert auf diesen Zustand mit einer vermehrten Produktion roter Blutkörperchen, doch eine völlige Kompensation gelingt nicht. (Menschen, die sich bei laufendem Motor in der Garage einschließen, setzen diesen Prozeß einfach in großem Stil in Gang. Wenn nicht mehr genügend Hämoglobin für den Transport von Sauerstoff zur Verfügung steht, sterben sie.)

Wenn sich Kohlenmonoxid mit Hämoglobin verbindet, entsteht der Komplex COHb; seine Konzentration im Blutstrom ist ein ziemlich gutes Maß, um einschätzen zu können, wie viele Zigaretten ein Mensch tatsächlich konsumiert hat.

In den frühen siebziger Jahren kamen zwei englische Forscher, T. W. Meade und N. J. Wald, zu dem Schluß, man müsse wissen, wann Menschen während des Tages rauchen, um ihren COHb-Spiegel auch zu einem geeigneten Zeitpunkt messen zu können. Bei Menschen, die beispielsweise am Vormittag wenig rauchen, wird eine Morgenprobe ihres COHbs im Hinblick auf die tatsächlich eingenommene Menge von Nikotin irreführend sein. Da Menschen im allgemeinen um so stärker zu Erkrankungen neigen, je mehr Nikotin sie aufnehmen, könnte der COHb-Spiegel als eine Art Risikoanzeiger dienen.[1] Folglich versandten Meade und Wald einen Fragebogen an etwa 3000 englische Arbeiter – in Fabriken und Büros – und fragten sie, zu welchen Tageszeiten sie rauchten.

Diese Untersuchung wurde anschließend nicht so sehr im Zusammenhang mit den COHb-Spiegeln zitiert, sondern wegen der Ergebnisse, die sie über zeitliche Rauchgewohnheiten von Menschen erbracht hatte. Meade und Wald fanden heraus, daß jene Menschen, die bei der Arbeit rauchen konnten, täglich mehr als die Hälfte (56 Prozent) ihrer Zigaretten während der Arbeitszeit rauchten; am meisten wurde während zwei Stunden am Nachmittag während der Arbeitszeit geraucht.

Das scheint vielleicht nicht besonders zu überraschen, bis wir überlegen, welche Aktivitäten wir normalerweise mit psychoaktiven Drogen assoziieren. Die beliebtesten dieser Substanzen werden im allgemeinen zum *Vergnügen* genommen – und nicht um den Arbeitsprozeß zu unterstützen. Wie hoch ist der Anteil des am Arbeitsplatz konsumierten Alkohols am Gesamtverbrauch? Und wie steht es damit bei Marihuana? Bei Kokain? Menschen nehmen zwar diese Drogen auch während der Arbeit – besonders von Kokain wird berichtet, daß es in gewissem Ausmaß am Arbeitsplatz eingenommen wird –, doch hauptsächlich werden sie in der Freizeit zur Erholung und Entspannung benutzt. Als Gegengewicht zum Tabak kommen am Arbeitsplatz meiner Meinung nach viel eher Drogen wie Valium oder Koffein in Betracht. Sie werden von arbeitenden Menschen eingenommen, um leistungsfähig zu bleiben, oder genauer, um zu verhindern, daß ihre Arbeitsleistung wegen Schlafmangel, Streß, Nervosität oder wegen der simplen Tücken eines Arbeitstages *absinkt.*

Der Einsatz von Drogen wie Valium oder Koffein am Arbeitsplatz stellt unsere Vorstellung über den Gebrauch von Drogen auf den Kopf: Meiner Ansicht nach nehmen Menschen sie in den meisten Fällen nicht um *high* zu werden, sondern um normal zu werden.[2] Ich glaube, daß die Annäherung an einen Zustand, den man als psychologische Neutralität bezeichnen könnte, ihr hauptsächlicher Zweck ist. Wahrscheinlich spielt daneben auch die Suche nach Euphorie eine Rolle. Diese Menschen verspüren den Wunsch, sich gerade ein kleines bißchen euphorisch zu fühlen, doch vor allem wollen sie eine *Dysphorie* vermeiden. Daher werden diese Drogen von Menschen genommen, die Konzentrationsschwierigkeiten haben, sich schwunglos und niedergeschlagen fühlen oder von Sorgen und Ängsten geplagt sind.

Wenn wir uns fragen, warum sich das Nikotin als die suchterzeugende Alltagsdroge unserer Wahl qualifiziert hat, müssen wir zunächst die Idee in Betracht ziehen, daß es Menschen aus *verschiedenen* Verstimmungszuständen heraushelfen und sie von unwirtlichen Orten auf der psychologischen Landkarte in den Normalzustand zurückbringen kann.

Genau dies würden wir von einer Droge erwarten, die verstärkt am Arbeitsplatz eingesetzt wird.*

In den späten sechziger Jahren führten Norman Heimstra und seine Kollegen an der University of South Dakota eine Reihe von Experimenten durch. Sie wollten sehen, wie das Rauchen die Leistung bei verschiedenen Aufgaben beeinflußt, etwa bei einem simulierten Fahrtest, bei dem die Versuchspersonen ein sich bewegendes Objekt verfolgen mußten. Vor und nach der Durchführung dieser Aufgaben füllten Heimstras Versuchspersonen einen standardisierten psychologischen Fragebogen aus, in dem sie ihre Stimmung nach mehreren Gesichtspunkten beurteilen sollten. Wie aggressiv fühlten sie sich? Wie gesprächig? Wie ermüdet?

Im ersten dieser Experimente ließ Heimstra 60 Versuchspersonen die Fahraufgabe *sechs Stunden* lang ohne Pause durchführen. 20 von diesen Personen waren Nichtraucher, 20 waren Raucher und durften rauchen, und 20 waren Raucher, denen das Rauchen nicht erlaubt war. In Bezug auf die Leistungsunterschiede zwischen diesen Gruppen ergab sich nichts besonders Interessantes, doch als Heimstra die *Stimmungs*ergebnisse ansah, fand er etwas Faszinierendes. Bei den Nichtrauchern sank die Stimmung im Verlauf des Tests signifikant in fünffacher Hinsicht: Ihre Aggression und ihre Ermüdung nahmen zu; gleichzeitig nahm ihre soziale Wärme ab, ebenso ihre Konzentration und ihr „Überschwang“ (der Grad, mit dem sie sich in einem spielerischen, kommunikativen Zustand befanden).

Dagegen ergaben sich bei den Rauchern, die zur Zigarette greifen durften, nur in zwei Bereichen signifikante Stimmungsveränderungen: Wie die Nichtraucher zeigten auch sie nach der Fahraufgabe schwindende Konzentration und wachsende Ermüdung. Sie wurden jedoch nicht aggressiver, und auch ihr Überschwang und ihre soziale Zuwendung blieben unverändert.[4]

Heimstra und seine Kollegen führten vier weitere Experimente ähnlicher Art durch – in einem sahen die Versuchspersonen einen Film über die Bombardierung von Hiroshima und Nagasaki –, und die Ergebnisse waren immer sehr ähnlich: Nichtraucher zeigten viel größere Stimmungsschwankungen als Raucher, die während dieser belastenden Erfahrungen rauchten.

---

* Das entscheidende Wort ist hier *suchterzeugend*. Koffein ist zwar fast sicher die populärste Droge der Welt, doch scheint es zumindest einen der Standardtests für suchterzeugende Drogen nicht zu bestehen: Tiere unter Laborbedingungen sind nicht daran interessiert.[3]

1984 führte D. R. Cherek vom LSU Medical Center in Shreveport, Louisiana, ein Experiment durch, das Heimstras Ergebnisse bezüglich des Aggressionsverhaltens unterstützte: Cherek stellte unter dem Vorwand, er wolle die Auswirkungen von Zigaretten auf die Reaktionszeit und Informationsverarbeitung untersuchen, als Versuchspersonen ein halbes Dutzend Raucher zusammen. Tatsächlich aber beobachtete er die Auswirkungen des Rauchens auf das Aggressionsverhalten (doch das sagte er seinen Versuchspersonen nicht, damit diese Information die Ergebnisse nicht verfälschen konnte).[5]

Den Rauchern wurde mitgeteilt, sie würden jeweils einer Person zugeordnet, die sich für sie unsichtbar an einem entfernten Ort befände und eine Art elektronisches Spiel mit ihnen spielen würde. In Wirklichkeit gab es keine solche Person – nur die Versuchsleiter, die auf eine Weise in das Spiel eingriffen, daß es aussah, als wäre eine weitere Person daran beteiligt. Die Versuchspersonen wurden an ein Pult gesetzt, das ihnen zwei Knöpfe, einen Schalter und einen numerischen Zähler bot. Durch Drücken von Knopf A konnten sie Geld ansammeln – für hundertmal drücken gab es zehn Cents –, und der Zähler zeigte stets das aktuelle Guthaben an, das sie nach Beendigung der Sitzung behalten durften.

Der andere Knopf und der Schalter waren angeblich mit dem Gegenspieler an einem ähnlichen Pult verbunden. Durch zehnmaliges Drücken von Knopf B könnten sie zehn Cents von der Geldsumme des Gegenspielers *abziehen*; bei zehn Betätigungen des Schalters C würde der Gegenspieler von unangenehmen Geräuschen belästigt werden. Dem Gegenspieler stand angeblich dieselbe Ausrüstung zur Verfügung: Er konnte Geld ansammeln, dem ersten Spieler Geld abziehen oder *ihn* mit Lärm quälen. Cherek ließ seine Versuchspersonen fünf Tage in der Woche eine halbe Stunde vor Testbeginn kommen und sie (a) nicht rauchen, (b) Zigaretten mit niedrigem Nikotingehalt oder (c) Zigaretten mit hohem Nikotingehalt rauchen.

Er wußte aus Voruntersuchungen, daß Menschen nicht gerne mit Lärm belästigt werden, daß sie es aber als viel aggressiver und ärgerlicher empfinden, wenn man ihnen ihr Geld wegnimmt. (Ich betrachte dies als grundlegenden Kommentar zum Thema menschlicher Wertvorstellungen: Menschen werden es hinnehmen, wenn man sie mit einem lauten Geräusch beleidigt, doch wenn man ihnen ihr Geld nimmt, hört der Spaß auf.)

Das Experiment ergab: Je mehr Nikotin die Personen in ihrem Körper hatten, desto weniger aggressiv verhielten sie sich gegen ihre

„Mitspieler"; die Neigung, dem Gegenspieler Geld abzunehmen, wurde bei allen Versuchspersonen geringer, wenn sie Zigaretten mit niedrigem Nikotingehalt rauchten, und sank noch weiter, wenn sie die Sorte mit dem hohen Nikotingehalt rauchten. Ähnlich, aber nicht so einheitlich, verhielt es sich mit der Tendenz, den anderen mit Lärm zu belästigen. Man könnte dies so interpretieren, daß die aggressivere Reaktion – das Geldwegnehmen – stärker vom Nikotin beeinflußt war.

Interessanterweise *erhöhten* sowohl die niedrigen als auch die hohen Nikotindosen die Anzahl der Geldsammel-Aktionen pro Sitzung. Cherek schloß daraus, daß die unterdrückenden Auswirkungen des Nikotins auf die Aggression nicht die Folge einer „generalisierten dämpfenden Wirkung" war. Seiner Ansicht nach sprechen diese Ergebnisse vielmehr für eine spezifischere, selektive Wirkung der Droge.

Zur Frage, wie das Nikotin fähig sein könnte, Aggression zu vermindern, gibt es einige provozierende Befunde von Ronald Hutchinson und Grace Emley, die in den frühen siebziger Jahren mit Nikotin bei Tieren experimentierten und dann daran gingen, ihre Ergebnisse auf Menschen anzuwenden.[6] Ihre Tierversuche führten sie an Totenkopfäffchen durch, die gefesselt auf einem Stuhl saßen und an ihren langen, rasierten Schwänzen Elektroden trugen. (Tierfreunde überschlagen vielleicht die Beschreibung dieser Experimente und lesen bei den Ergebnissen weiter.)

Die Affen hatten einige Objekte in Reichweite: Einen Gummischlauch, den sie an den Mund führen konnten, und einen Hebel oder eine Zugkette, die sie mit den Händen erreichen konnten. (Das Beißen in den Schlauch ist ein zuverlässiges Zeichen für Aggression oder Kampfverhalten bei den Affen.) Alle vier Minuten wurde den Tieren 400 Volt jeweils eine Zehntelsekunde lang auf ihren rasierten Schwanz verabreicht, um bei ihnen Aggressionen auszulösen.

Wenn sie diesen elektrischen Schlag erhielten, bissen die Tiere schnell und wiederholt auf den Gummischlauch. Schließlich nahm das Beißen wieder ab, bis sich der nächste Elektroschock *ankündigte*. Dann nämlich begannen die Affen – die wußten, was kommen würde – wieder häufiger in den Schlauch zu beißen, bis sie wenige Sekunden vor Eintritt des Schocks vollkommen damit aufhörten.

Was kann ein gefesselter Affe tun, wenn er weiß, daß ihn in kurzer Zeit ein 400-Volt-Schlag treffen wird? Am liebsten würde er sicherlich fliehen, und wie sich herausgestellt hat, sind die beiden anderen zur Verfügung stehenden Reaktionen – das Ziehen an der Kette oder das Drücken des Hebels – zuverlässige Anzeiger dieser Fluchtreaktion. (Was würden wir tun, wenn wir in der Falle säßen und Schmerzen zu erwarten hätten? Ich glaube, wir würden so wild wie nur irgend möglich um uns schlagen, in der Hoffnung, daß sich lediglich durch unsere Bewegungen etwas verändern wird.) Die Fluchtreaktion der Affen wurde nicht durch den elektrischen Schlag ausgelöst, sondern durch seine *Antizipation*: Je näher der Zeitpunkt des Stromstoßes heranrückte, umso mehr drückten die Affen den Hebel oder zogen an der Kette, bis sie – wie bei der Beißreaktion – kurz vor Eintritt des Schocks gänzlich mit ihren Bewegungen aufhörten.

Nachdem diese Reaktionen auf „schädliche“ Stimuli bei den Versuchstieren etabliert waren, untersuchten Hutchinson und Emley, wie verschiedene Drogen das Verhalten der Affen unter diesen Bedingungen beeinflussen würden. Es zeigte sich, daß Amphetamine und Koffein sowohl die Beißreaktion als auch das Hebeldrücken erhöhten. Im Gegensatz dazu verminderte Morphium beide Aktivitäten.

Das Nikotin bewirkte jedoch etwas völlig anderes. Es verminderte das Angriffsverhalten, doch es erhöhte die Fluchtreaktionen. Verblüffenderweise war es in dieser Hinsicht nicht Opiaten oder Amphetaminen, sondern Tranquilizern ähnlich.

Schließlich waren Hutchinson und Emley genauso an Menschen wie an Tieren interessiert, und sie dachten sich Experimente aus, um festzustellen, ob sich die an Affen gewonnenen Ergebnisse auch auf Menschen übertragen ließen. Diesmal maßen die Forscher allerdings keine Beißreaktionen, sondern das Zusammenpressen der Kiefer, das sich als zuverlässiger Anzeiger für menschliche Gereiztheit und Aggression erwiesen hat. Sie befestigten Elektroden am Kau- und Schläfenmuskel ihrer Versuchspersonen und zählten die Muskelkontraktionen unter verschiedenen Bedingungen. (Als ich das erfuhr, fragte ich mich, ob das Zusammenpressen der Kiefer nicht einfach ein von der Zivilisation abgeschwächtes Überbleibsel der alten Beißreaktion ist.) Der unangenehme Stimulus war in einem der Experimente kein 400-Volt-Elektroschock, sondern ein Geräusch von 110 Dezibel Lautstärke.

In einem Experiment maß man das Zusammenpressen der Kiefer auf Geräusche bei Menschen, die vor kurzem das Rauchen aufgegeben hatten. Die spontane Frequenz des Kieferzusammenpressens nahm bei sieben oder acht Versuchspersonen zu, wobei diese Reaktion im allgemeinen in der ersten Woche nach dem Absetzen des Nikotins immer heftiger wurde und dann allmählich abnahm.

Das Lärmexperiment wurde auch mit Nichtrauchern durchgeführt, die alle drei Minuten für zwei Sekunden einen 3000 Hertz-Ton zu hören bekamen. Die Versuchspersonen tranken jeden Tag 15 Minuten vor dem Test 150 Milliliter Wasser, dem die Versuchsleiter gelegentlich eine kleine Menge Nikotin beifügten. Alle Personen preßten an den Tagen, an denen sie Nikotin erhielten, die Kiefer weniger häufig zusammen.

Wir haben nun drei Gruppen von Experimenten betrachtet, die alle in die gleiche Richtung weisen: Stimmungsänderungen aufgrund belastender Einflüsse werden durch Nikotin *gemildert.* Nikotin scheint Aggressionen zu dämpfen und gleichzeitig den Menschen zu helfen, im sozialen Umgang liebenswürdig und gelassen zu bleiben. Das Nikotin bewerkstelligt all dies ohne einen generalisierten Dämpfungseffekt. Heimstras rauchende Fahrer schnitten genauso gut ab wie die Nichtraucher, Chereks Spieler handelten in ihrem eigenen Interesse, und die Affen von Emley und Hutchinson arbeiteten höchst eifrig, um dem elektrischen Schlag zu entkommen.

Meiner Meinung nach entsprechen diese Ergebnisse in gewissem Maße denen von K. H. Ginzel, der seinen Katzen Nikotin injiziert hatte. Die von Ginzel beschriebenen spezifischen Effekte (entspannte Muskeln, wacher Geist) sind natürlich eine Sache für sich, doch alle diese Experimente haben *multiple*, ein wenig unterschiedliche Auswirkungen gemeinsam.

Wenn solche Effekte sich tatsächlich bei Rauchern zeigen, lautet die wahre Frage: Wer würde nicht gern über diese Art von emotionaler Feineinstellung verfügen können? Wie Sie sich erinnern, begann diese ganze Diskussion mit der Feststellung, daß Tabak in hohem Maß eine *Arbeitsdroge* ist. Die Wirkungen, die wir beobachtet haben, lassen Tabak als vielversprechenden Anwärter für folgende Werbeanzeige erscheinen: „Verliere deine Aggressionen, erhalte deine Leistungsfähigkeit, rauche Tabak.“*

---

* Im Vorwort sagte ich, daß ich keinen erschöpfenden Bericht über das Pro und Contra solcher Auswirkungen liefern werde, sondern daß ich statt dessen die Fälle zusammenfassen werde, die meiner Ansicht nach mit einer eindrucksvolle Fülle an Beweisen *für* solche Effekte sprechen.

Skeptische Leser mögen sich daher fragen, was ihnen vorenthalten wurde. Die Beweise für die beruhigenden Wirkungen des Tabaks sind konsistent und meiner Meinung nach überzeugend. Man muß sich jedoch darüber im klaren sein, daß es sich um nur drei Gruppen von Experimenten aus vielleicht Dutzenden handelt, die zu diesem allgemeinen Thema bisher durchgeführt wurden. Würden wir diesen ganzen Berg von Forschungsarbeiten berücksichtigen, so würden die Dinge nicht so klar und sauber aussehen. Wir würden auf manche Experimente stoßen, die nicht für die Idee sprechen, daß Nikotin als Tranquilizer wirken kann, und wir würden auf wissenschaftliche Berichte stoßen, die einige Experimente kritisieren, die wir besprochen *haben*.

4. AUF RUHIGEM KURS BLEIBEN

Ein anderer Feind des arbeitenden Menschen ist jedoch der Mangel an Stimulation – mit einem Wort, die Langeweile. Die Kräfte, die wir bis jetzt betrachtet haben – Aggression, Angst und Ärger – sind inhaltlich stark emotional beladen. Langeweile scheint mir dagegen viel mehr ein rein geistiger Zustand zu sein. (Wenn Sie wollen, ist sie durch einen *Mangel* an Emotionen charakterisiert.) Kann Tabak dazu beitragen, diese trübe Lage zu verbessern? Die kurze Antwort muß lauten: Ja.

Das Experiment von Cherek ist ein gutes Beispiel für einen wissenschaftlichen Test, der Angriffspunkte bietet. Denken Sie zum einen daran, daß dieses Experiment nur mit einer kleinen Anzahl von Versuchspersonen (sechs Personen) durchgeführt wurde, was gewöhnlich in der Wissenschaft als Nachteil gilt. Zum anderen waren alle Versuchspersonen Raucher. Zu dem Zeitpunkt, als die „deprivierten" Raucher mit ihrem Geldsammel-Geldabzieh-Test fertig waren, hatten sie bereits seit 90 Minuten keine Zigarette mehr geraucht. Beruhigte also das *Verabreichen* von Nikotin diese Personen, oder brachte sie der *Entzug* in einen Zustand, der sie aggressiver machte? Dies ist ein ständig wiederkehrendes Problem bei der Erforschung des Rauchverhaltens. Man könnte annehmen, daß es sich lösen ließe, indem man einfach Nichtraucher in alle diese Experimente miteinbezieht, doch so einfach liegen die Dinge nicht.

Angenommen, Cherek hätte einige Nichtraucher dazugenommen. Wie verabreicht er ihnen das Nikotin? Wenn sie rauchen, würde ihnen wahrscheinlich schlecht, wie das bei den meisten Nichtrauchern der Fall ist. Wenn sie es intravenös erhielten, wäre Übelkeit nach wie vor ein Problem, und ihr Spiel wäre wahrscheinlich davon beeinflußt, daß sie eine Kanüle im Arm haben. Es ist auch schwierig, die Auswirkungen des Rauchens nachzuahmen, indem man jemandem eine Nikotintablette verabreicht.

Die beiden anderen besprochenen Experimente sind derartiger Kritik nicht in so starkem Maße ausgesetzt (deshalb habe ich sie ausgewählt), doch die Ansicht, daß Rauchen die Stimmung in der von mir vorgeschlagenen Weise beeinflußt, hat ihre Kritiker. Der Surgeon General's Report über Nikotin gestand einigermaßen widerstrebend zu, daß die Befunde zum Thema Nikotin und Stimmung im großen und ganzen die Ansicht stützen, daß Nikotin negative Stimmungszustände bei Tieren mildern kann; in Bezug auf Menschen kam der Bericht jedoch zu dem Schluß, dies sei wegen einiger methodischer Beschränkungen der durchgeführten Studien nicht bewiesen.[7] Die „Wahrheit" ist hier schwer zu fassen; vielleicht gibt es sie nicht. Was ich vorlege, sind wissenschaftliche Ergebnisse, die mir überzeugend erscheinen, doch das ist natürlich etwas ganz anderes als ein unanfechtbarer wissenschaftlicher Beweis.

5

Die gesteuerte Stimmung

Als wir uns vorhin mit der Arbeitsweise des Nikotins auf zellulärer Ebene befaßten, stellten wir fest, daß sich beim durchschnittlichen Raucher die erste Zigarette des Tages ähnlich auswirken dürfte wie eine Stimulation des sympatischen Nervensystems – jenes Systems, das für die Kampf-Flucht-Bereitschaft unseres Körpers verantwortlich ist. Die Frequenz des Herzschlages nimmt zu, die Blutgefäße ziehen sich zusammen und so weiter. Dies ist eindeutig ein Stimulationseffekt: Ob wir nun durch ein erschreckendes Geräusch oder das Rauchen einer Zigarette in diesen Zustand versetzt werden – unser Körper ist in dieser Verfassung aktionsbereit.

Ein ähnlicher Effekt findet im allgemeinen auch im Gehirn statt, wenn ein Mensch eine Zigarette raucht: Es gelangt ebenfalls in einen Zustand stärkerer Erregung. Da die Signalübertragung des Nervensystems zum Teil ein elektrischer Vorgang ist, kann man das Aktivitätsniveau des Gehirns anhand der Hirnströme messen. Genau dies tun Wissenschaftler – und die Verfechter des Biofeedbacks –, wenn sie Elektroden an der Kopfhaut befestigen, um den im Inneren fließenden Strom zu registrieren. Er wird in einem Elektroencephalogramm (EEG) aufgezeichnet und stellt schlicht die Gesamtaktivität der einzelnen Zellen dar.

Das Problem bei diesem Verfahren ist, daß die Gehirnwellen lediglich den Durchschnitt der ihr zugrundeliegenden, äußerst komplexen und vielfältigen Gehirnaktivität darstellen. (Ich hörte einmal, wie ein Wissenschaftler diese Methode mit dem Versuch verglich, etwas über die

Chinesen zu erfahren, indem man ein einziges Mikrofon über Peking aufhängt.) Doch trotz ihrer Beschränkungen sind EEG-Aufzeichnungen eine unserer besten Verfahren zur Messung der Gehirnaktivität.

Mit dem EEG erfaßte Gehirnströme werden in vier Kategorien aufgeteilt – in Delta-, Theta-, Alpha- und Betawellen –, und sie beschreiben ein Erregungskontinuum von niedrig bis hoch. Man lege einer Durchschnittsperson Elektroden an, lasse sie tief einatmen und die Augen schließen, und sie wird vermutlich in das Alphastadium gelangen, wobei der Elektroencephalograph Gehirnwellen mit einer Frequenz von etwa acht bis 14 Hertz aufzeichnet. (Dies ist der Zustand, in den die Verfechter von Biofeedback-Methoden Menschen bringen möchten.) Richtet man jedoch ein Licht auf die geschlossenen Augen, werden die Alphawellen von den schnelleren Betawellen abgelöst (mehr als 14 Hertz). Wenn sich ein Mensch zum Schlafen hinlegt, wird er von diesem wachen Betazustand in den entspannteren Alphazustand gelangen und schließlich im tiefsten Schlaf das Deltastadium erreichen, für das Gehirnwellen mit einer Frequenz von nur ein bis vier Hertz typisch sind.

Innerhalb dieser Kategorien gibt es außerdem noch unterschiedliche Aktivitätsstufen. Die sogenannte *dominante Frequenz* – ebenfalls in Hertz gemessen – kann steigen oder fallen, wobei eine höhere dominante Frequenz eine stärkere Aktivierung anzeigt. In den tieferen Alphastadien tritt die Gehirnaktivität vorwiegend in Schüben auf, weil viele Zellen gleichzeitig aktiv sind. Wenn man in höhere Bereiche der Frequenzskala gelangt, wird die kortikale Aktivität gleichmäßiger: Sie wird *desynchronisiert* und zeigt ein höheres Erregungsniveau an.

Seit den späten fünfziger Jahren weiß man, daß Nikotin einen Frequenzanstieg im EEG bewirkt.[1] Wenn ein Mensch eine Zigarette raucht, wird die dominante Alphafrequenz ansteigen und eine Desynchronisation auftreten. In vielen Untersuchungen, die dies nachgewiesen haben, mußten sich die Wissenschaftler mit der alten Gretchenfrage ihres Forschungsgebiets herumschlagen: Stimuliert das Nikotin das Gehirn der Raucher, oder holt es sie aus einem *gedämpften* kortikalen Zustand zurück, der durch Nikotinentzug zustande kam? Mit anderen Worten: Versetzt das Nikotin nikotinabhängige Menschen wieder in einen Normalzustand, indem es ihren Körper mit der suchterzeugenden Droge versorgt? Die Frage läßt sich zumindest teilweise durch eine Hintertüre beantworten, indem man nämlich Nichtrauchern Nikotin verabreicht, beispielsweise durch intravenöse Injektionen. Diesen Untersuchungen zufolge stimuliert Nikotin das Gehirn.[2]

Es werden jedoch nicht alle Aktivierungszustände in gleichem Maße erzeugt. Interessanterweise war bei einigen Experimenten an Affen in den siebziger Jahren der durch Nikotin hervorgerufene Frequenzanstieg im EEG jenem sehr ähnlich, der durch normale sensorische Stimulation zustande kam – wenn die Tiere beispielsweise ein ungewöhnliches Geräusch hörten oder einen interessanten Gegenstand sahen. Dagegen erzeugten Koffein und Amphetamine zwar dasselbe *Stimulationsniveau*, doch die Muster der Gehirnwellen unterschieden sich signifikant von jenen des normalen Aktivierungszustands.[3]

EEG-Messungen werden vom Kortex, der Großhirnrinde, abgeleitet, doch die Aktivität eines Menschen wird hauptsächlich von einem völlig anderen Teil des Gehirns gesteuert. Das Gehirn sieht, von der Seite betrachtet, aus wie eine Art schiefgewachsener Blumenkohl samt Stiel. Im Inneren des sogenannten *Hirnstammes*, etwa an der Stelle, wo der Hals in den Kopf übergeht, befindet sich eine Gruppe von Zellen, die *Formatio reticularis* genannt wird und die für die menschliche Aktivität verantwortlich ist. Von der Formatio reticularis laufen Nervenfasern hinauf in alle Bereiche der Großhirnrinde. Stimuliert man gewisse Teile der Formatio reticularis, so wird das Gehirn aktiviert. Man braucht keine Drogen oder Elektroden, um diese Stimulation zu erzeugen: Ein Tippen auf die Schulter genügt schon, und ein Ballon, der hinter Ihrem Rücken platzt, bewirkt sie im großen Stil. Dies ist die sensorische Aktivierung, von der wir früher gesprochen haben; zu den wichtigsten Aufgaben der Formatio reticularis gehört es, ähnlich einem Hoteldiener, anderen Teilen des Gehirns einen Weckruf zu erteilen, wenn diese sensorische Stimulation eintrifft.

Wir haben guten Grund anzunehmen, daß das Nikotin viel von seiner muntermachenden Wirkung auf das Gehirn dadurch entfaltet, daß es auf das beschriebene Aktivierungssystem einwirkt. Erinnern Sie sich, daß bestimmte Zellen im Organismus Nikotinrezeptoren enthalten, die auf Nikotin ebenso ansprechen wie auf den körpereigenen Neurotransmitter Acetylcholin. Zudem wurden die muntermachenden Wirkungen des Nikotins bei Katzen blockiert, wenn Wissenschafter das retikuläre System der Tiere aus der neuralen Schleife entfernten[4]: Ohne retikuläres System gibt es keine Aktivierung durch Nikotin.

Soweit scheint dies alles gut zusammenzupassen, doch nicht umsonst hat das Nikotin den Ruf, »eine der schmutzigsten Drogen in der Pharmakologie« zu sein, wie es ein Wissenschaftler mir gegenüber einmal ausdrückte. Forscher glauben nicht, das Nikotin schlage unter die Gürtellinie; das Problem ist vielmehr, daß es keine sauberen, klaren, *isolierten* Wirkungen zeigt. Seine Effekte treten überall im Körper auf, sind abhängig von der Dosis, der Persönlichkeit und manchmal, so könnte man meinen, von den Mondphasen.

Erinnern Sie sich daran, daß Raucher auf die Frage, warum sie rauchen, am häufigsten antworten werden: „Weil es entspannt." Was sollen wir davon halten, wenn wir berücksichtigen, daß Rauchen die Kampf- oder Flucht-Bereitschaft steigert und, wie wir gerade gesehen haben, außerdem die Gehirnaktivität erhöht?

Eine gesicherte Antwort haben wir: Zu bestimmten Zeiten – etwa nach dem ersten Akt eines langen Theaterstückes – „entspannt" das Rauchen, weil es Raucher von einem Zustand des Drogenentzugs erlöst. Was sich hier abspielt, ist im Grunde dem vergleichbar, was Opiumsüchtige erleben; die Auswirkungen der beiden Drogen sind sehr verschieden, doch das zugrundeliegende Syndrom ist das gleiche.

Wir werden später diese Art körperlicher Abhängigkeit noch genauer betrachten, doch für den Augenblick wollen wir diesen Punkt zurückstellen und statt dessen fragen, ob Nikotin *außer* durch seine Rolle als Rettungsdienst bei Entzugserscheinungen entspannend wirken könnte. (Der Ausdruck „Rettung" erscheint hier vielleicht ein wenig seltsam, doch so sind die Paradoxa in der Welt der Drogen beschaffen: Menschen werden von ihren Gefängniswärtern gerettet.)

Die EEG-Forschung ist in diesem Zusammenhang sehr interessant. Bei Tieren zeigen hohe Dosen von Nikotin Auswirkungen, die mit *Sedierung* und nicht mit Stimulation vereinbar sind. Höhere Nikotindosen erzeugen eine synchrone, langsame Thetaaktivität, und zwar nicht außen in der Gehirnrinde (dem Cortex), sondern im sogenannten *Hippocampus*. Sie werden bemerken, wie gut das zu unserer früheren Feststellung paßt, daß kleine Mengen von Nikotin die Übertragung von Nervensignalen stimulieren, während große Mengen sie behindern (denken Sie an den Mann an der Kneipentür).

Solche Thetawellen des Hippocampus sind bei Menschen unbekannt. Doch wie einige wissenschaftliche Arbeiten gezeigt haben, treten bei Menschen nach dem Rauchen kortikale Thetawellen auf – interessanterweise bei Rauchern mit einer Persönlichkeit vom Typ B.[5] Hier kommen wir zu den EEG-Ergebnissen, die Wissenschaftler in gewisser Weise damit in Zusammenhang bringen, welche Personen rauchen und unter welchen Bedingungen. In einer Serie von Experimenten beobachteten die Forscher G. L. Mangan und J. F. Golding Versuchspersonen in Situationen mit hohem Aktivierungsniveau (die Versuchspersonen hörten ein lautes Geräusch), mittlerem Aktivierungsniveau (Langeweile) und niedrigem Aktivierungsniveau (leichte sensorische Isolation). Im großen und ganzen konstatierten sie dämpfende Wirkungen des Nikotins, wenn sich die Versuchspersonen in der Aktivitätsphase befanden, gemischte Effekte im Zustand der Langeweile und anregende Wirkungen unter den Bedingungen der sensorischen Isolation.[6] Das Nikotin verschob das Aktivierungsniveau der Versuchspersonen in eine Richtung, die im Gegensatz zur Umgebung stand, in der sie sich jeweils befanden.

Scott Lukas von der Harvard University, der Experimente mit intravenös verabreichtem Nikotin durchführte, berichtet, daß er immer wieder sah, wie seine Versuchspersonen die gleiche Ereignisfolge durchliefen: Sobald das Nikotin injiziert ist, setzen sie sich kerzengerade auf, bekommen Schweißausbrüche, Herzklopfen und atmen panikartig – und das alles über einen Zeitraum von 30 oder 45 Sekunden hinweg. Danach bricht diese Reaktion abrupt ab, und die Versuchspersonen gelangen in einen Zustand, den Lukas als eine Art entspannter Euphorie ansah.[7]

Nun würden Raucher nicht den ersten Zustand in Kauf nehmen, nur um in den zweiten zu gelangen, aber schließlich konnten die Versuchspersonen in Lukas' Experimenten weder die Nikotinmenge noch die Situation, in der sie ihnen verabreicht wurde, bestimmen.

Unser Durchschnittsraucher inhaliert etwa 200 Züge am Tag und hat daher große Erfahrung darin, seinen Nikotinspiegel richtig einzustellen. Wir haben früher bereits gesehen, wie wirksam das Nikotin in sehr kleinen Dosen ist. Nun beginnen wir langsam zu erkennen, daß Raucher in der Lage sind, eine Feineinstellung ihres Wachheitsgrades und ihrer Stimmungslage vorzunehmen, indem sie *genau die richtige Menge* Nikotin in *genau der richtigen Situation* aufnehmen. Man könnte dies mit einer Schauspielerin vergleichen, die sich für ihren Bühnenauftritt schminkt: Sie weiß, daß sie als Lady Macbeth noch etwas Grundierung braucht und noch ein wenig Lippenstift; schließlich fehlt auch noch eine Spur Augenschminke und ein Hauch Rouge, und fertig ist das perfekte Make-up. Unser Raucher stimmt dagegen Nikotindosen und Umgebungsbedingungen miteinander ab, um seinen *geistigen* Zustand perfekt auszurichten. Großenteils stellt hierbei sein Unterbewußtsein die Weichen. Dem Raucher werden vielleicht nur solche Anweisungen bewußt, die nicht über „mehr wird gebraucht" oder „Nikotinspiegel in Ordnung" hinausgehen, doch diese sind ihm dafür *sehr* bewußt.

In der wissenschaftlichen Literatur zum Thema Rauchen sind „starke" und „schwache" Versionen dieser allgemeinen Theorie zu finden. Die Vertreter der „starken" Version sagen: Das Rauchen kann Menschen *zuverlässig* auf der Sedierungs-Stimulations-Skala nach oben oder unten bewegen, abhängig von der eingenommenen Nikotindosis und der Situation. Das heißt, kleinere Dosen von Nikotin regen an, größere Dosen beruhigen. Entsprechend wirkt Nikotin in langweiligen Situationen eher stimulierend, in nervenaufreibenden eher sedierend. Diese beiden Variablen sind insofern miteinander verknüpft, als Menschen in belastenden Situationen oft rauchen werden (um sich zu beruhigen), in langweiligen dagegen seltener (um sich anzuregen). Niemand behauptet, daß diese Gleichung *immer* stimmen muß, doch man nimmt an, daß sie auf die Mehrzahl der Fälle zutrifft.

Die Anhänger der „schwachen" Version vertreten den Standpunkt, daß das Rauchen Menschen in beide Richtungen auf der Skala bewegen kann, jedoch nicht in Abhängigkeit von einigen simplen Variablen wie den genannten. Körper und Umwelt sind nach dieser Auffassung einfach zu komplex.

Tatsächlich sehen wir beide Teile der „starken" Variante in dem Experiment von Mangan und Golding. Denken Sie daran, daß die Versuchspersonen durch Rauchen beruhigt wurden, wenn sie dem lauten Geräusch ausgesetzt waren, aber angeregt reagierten, wenn sie sich friedlich in sensorischer Isolation befanden. Mangan und Golding beobachteten jedoch auch, daß die Versuchspersonen größere, tiefere und häufigere Züge machten, wenn sie in starkem Maße Lärm ausgesetzt waren. Dieses Ergebnis stimmt mit der Ansicht überein, daß höhere Dosen von Nikotin beruhigend wirken.

Eine der am häufigsten zitierten Arbeiten, die mit der „starken" Version vereinbar ist, stammt von Heather Ashton und ihren Mitarbeitern, einer weiteren Gruppe englischer Forscher.[8] Sie untersuchten ebenfalls Hirnwellenstadien, doch dieses Mal nicht *Ruhe*stadien, sondern ein durch Befehl *evoziertes* Stadium. Die sogenannte *kontingente negative Variation* (CNV) ist für die kurze Zeit zwischen einem Aufmerksamkeit erregenden Signal („auf die Plätze") und dem Handlungsbefehl („los") typisch. (Ist es überraschend, daß es ein eigenes Hirnwellenstadium für diese kurze Zeitspanne gibt? Ich denke nicht. Er bezeichnet einen Augenblick, der nicht seinesgleichen hat.) Alle Versuchspersonen befanden sich hier in derselben Ausgangsposition, doch Ashton kam zu dem Ergebnis, daß kleine Dosen von Nikotin die Frequenz der CNV erhöhen und große Dosen sie reduzieren.

Viele Forscher lassen sich durch Beweise dieser Art nicht überzeugen. Die Nikotindosen seien nicht angemessen kontrolliert verabreicht, argumentieren sie, und die Wirkungen des Nikotins seien im Einzelfall viel zu unterschiedlich, um *vorhersagen* zu können, daß eine kleine Ration anregend wirken, eine größere hingegen Gelassenheit erzeugen wird. Ganz gleich, wer nun recht hat, wichtiger scheint mir hier zu sein, daß Raucher durch die Kontrolle der Dosierung und der Situation offenbar in der Lage sind, eine gewisse Kontrolle über ihre geistige Verfassung auszuüben und sich in Richtungen zu bewegen, die wir der Einfachheit halber mit „auf" und „ab" bezeichnen wollen. Diese Kontrolle betrifft den Wachheitsgrad, die Konzentration, die Informationsverarbeitung und ähnliches. Es handelt sich also um die kognitive Seite des Menschen, im Gegensatz zur emotionalen, die wir im Zusammenhang mit den Auswirkungen des Nikotins auf Stimmung und Gefühl besprochen haben.

Wir können hier vielleicht anmerken, daß uns, hinsichtlich unserer Leistung, eine *geringe* Stimulation manchmal weiter bringen kann als eine *starke*, je nachdem, welcher Tätigkeit wir gerade nachgehen. Es gibt ein allgemein anerkanntes Prinzip in der Psychologie, das sogenannte Yerkes-Dodson-Gesetz. Demnach führt eine zunehmende Stimulation schließlich dazu, daß sich ihre positive Wirkung ins Gegenteil verkehrt und daß sich der Punkt der optimalen Stimulation je nach anstehender Aufgabe verändert. Unser ideales Stimulationsniveau liegt bei komplizierten Aufgaben niedriger, bei einfachen dagegen etwas höher. Wenn das Rauchen Menschen tatsächlich ermöglicht, auf der Sedierungs-Stimulations-Skala auf und ab zu gleiten, dann läßt das Yerkes-Dodson-Gesetz diese Fähigkeit zur Feineinstellung sogar noch bedeutender erscheinen.

Diese Hypothese impliziert etwas, das ich bisher nur im Vorübergehen gestreift habe: Die vorhandenen wissenschaftlichen Ergebnisse deuten darauf hin, daß Raucher im allgemeinen die regulierende Funktion des Nikotins einsetzen, um den Grad ihrer Aufmerksamkeit auf ein *Normalmaß* einzupendeln. Sie verwenden das Nikotin demnach nicht, um ihre Verfassung in die eine oder andere Richtung zu *übertreiben*, sondern um sich zu normalisieren; um sich aus einem Zustand der Langeweile herauszuführen oder sich bei einer Überstimulation zu beruhigen. Denken Sie auch daran, daß die EEG-Stimulation durch Nikotin, im Gegensatz zur Wirkung der Amphetamine oder sogar des Koffeins, fast identisch mit der durch Umweltreize entstehenden ist. Wenn Sie so wollen, ist es also jene Stimulation, die wir erhalten, wenn uns jemand auf die Schulter tippt. Menschen können den Wunsch haben, aus sich herauszugehen und mit Hilfe von Amphetaminen das *obere* Ende der Stimmungskala zu erreichen; sie können sich auch wünschen, unter Zuhilfenahme von Beruhigungsmitteln an das *untere* Ende der Skala zu gelangen; das Nikotin scheinen sie aber dazu zu benutzen, sich in einem *mittleren* Stimmungsbereich zu bewegen. Offenbar wünschen sich Raucher häufig in einen Normalzustand zurück, aus dem sie ihre Umgebung gerissen hat. Dies ist das Gegenteil davon, was wir uns gewöhnlich unter dem Begriff „Drogengebrauch" vorstellen; wir können also unser Vorurteil korrigieren, daß der Wunsch nach *Veränderung* der seelischen oder geistigen Verfassung zwangsläufig in einem euphorischen Rauschzustand gipfeln muß.

Was wir bisher beständig am Nikotin beobachten konnten, ist seine Fähigkeit, viele Dinge zu bewirken oder in einigen Fällen sogar mehrere verschiedene Dinge gleichzeitig zu bewirken. Ginzels Katzen wurden gleichzeitig entspannt und wach; Heimstras Fahrer zeigten gute Leistungen, blieben aber emotional gelassen; Mangans und Goldings Raucher veränderten ihren Aufmerksamkeitsgrad auf verschiedene Weise, entsprechend ihrer jeweiligen Situation.

Nicht nur das Nikotin besitzt diese Fähigkeit. Andere Drogen verfügen ebenfalls über ein breites Wirkungsspektrum. Trotz seines schlechten Rufes, muß man dem Heroin zugestehen, daß es seine Konsumenten manchmal dazu anregt, sich die Seele aus dem Leib zu reden. (In der amerikanischen Drogenszene wird dies als *soapboxing* bezeichnet, was man vielleicht mit „Volksreden halten" übersetzen könnte.) Marihuana bringt manche Menschen dazu, sich zurückzuziehen und andere, aus sich herauszugehen. Obwohl alle diese Drogen auf vielfältige Weise genutzt werden *können*, scheint mir das Nikotin doch so etwas wie der Champion hinsichtlich der Wirkungsbreite zu sein – und um deretwillen wird es schließlich von Menschen *benutzt*. Wenn wir fragen, warum Nikotin bei der Spezies Mensch so unglaublich beliebt ist, können wir nun eine Teilantwort anbieten: Weil es die unterschiedlichsten Dinge für die unterschiedlichsten Menschen zu tun vermag.

Wenn es zutrifft, daß das Nikotin solcherlei kognitive Auswirkungen hat, sollten wir diese auch beobachten können, wenn Menschen bestimmte Aufgaben ausführen. Im Lauf der Jahre ist eine große Zahl von Experimenten zu diesem Thema durchgeführt worden. (Tatsächlich befaßten sich die meisten wissenschaftlichen Arbeiten über das Rauchen bis in die fünfziger Jahre nur mit der Frage, ob der Nikotinkonsum bei Menschen, denen man bestimmte Aufgaben stellte, bessere oder schlechtere Leistungen zur Folge hatte.) Zwei übergreifende Fragen haben sich daraus entwickelt. Eine davon hat sich weitgehend erübrigt, wenngleich hier und da noch ein Detail geklärt werden muß: Zeigen Raucher, denen das Nikotin entzogen wird, schlechtere Leistungen, wenn sie eine Arbeit verrichten müssen, bei der sie sich beispielsweise über eine lange Zeit hinweg konzentrieren müssen? Die Antwort ist kaum überraschend – sie lautet: Ja. Die zweite Frage ist, ob Nikotin, *außer* in seiner Funktion als Retter bei Entzugserscheinungen, die menschliche Leistungsfähigkeit verbessern kann. Kann es also echte, absolute Leistungssteigerungen beim Menschen bewirken? Hierzu gibt es sehr unterschiedliche wissenschaftliche Ansichten, die wir gleich besprechen werden. Vorerst aber wollen wir die erste Frage genauer betrachten.

Raucher, die sich das Rauchen abzugewöhnen versuchen, klagen meist, sie könnten „nicht mehr denken", seit sie die Zigaretten aufgegeben haben. Das mag vielleicht ein wenig übertrieben sein, doch im Grunde haben diese Personen recht. Tatsächlich könnten sie hinzufügen, daß sie auch nicht mehr richtig wahrnehmen können.

In den frühen siebziger Jahren stellten Marianne Frankenhaeuser und ihre Mitarbeiter in Stockholm eine Gruppe von Rauchern zusammen, ließ sie über Nacht nicht rauchen und brachte sie dann in einen Experimentierraum, wo sie jedesmal einen Knopf drücken sollten, wenn sie ein Licht angehen sahen.[9] Die Schwierigkeit dabei war, daß das Licht in unregelmäßigen Abständen von einigen Sekunden aufleuchtete und der Test 80 Minuten dauerte. Frankenhaeuser maß die Reaktionszeit – wie lange die Versuchspersonen brauchten, um den Knopf zu drücken, nachdem sie das Licht wahrgenommen hatten –, doch in Wirklichkeit war das Experiment ein Ausdauertest in einer ausgesprochen langweiligen Situation. Jede Versuchsperson führte das Experiment an zwei verschiedenen Tagen durch: einmal unter Nikotinentzug und einmal, während sie kontrollierte Dosen von Tabak rauchte. Das Ergebnis zeigte, daß die Reaktionszeiten der Personen, die rauchten, während der ganzen 80 Minuten ziemlich konstant blieben. Wenn sie jedoch nicht rauchten, wurden die Reaktionszeiten im Laufe des Testes immer langsamer und lagen insgesamt durchweg unter den Zeiten, die gemessen wurden, als sie rauchen durften.

Gareth Williams hielt eine Gruppe von Rauchern über Nacht vom Rauchen ab und gab ihnen dann ein Blatt Papier, auf das 30 Zeilen mit zufällig angeordneten Buchstaben gedruckt waren (darunter etliche Male der Buchstabe *E*, den es innerhalb von drei Minuten herauszufinden galt).[10] Die Raucher führten den Test einmal durch, ohne vorher geraucht zu haben, und ein zweites Mal, nachdem sie geraucht hatten; im zweiten Fall schnitten sie einheitlich viel besser ab.

Verner Knott und Peter Venables ließen eine Gruppe von Rauchern mindestens zwölf Stunden lang nicht rauchen und legten ihnen dann Elektroden an, um ihre Gehirnaktivität zu messen (EEG).[11] Sie fanden heraus, daß bei diesen Personen die Alphawellen im Ruhezustand im Vergleich zu einer Gruppe Raucher und einer Gruppe Nichtraucher gedämpft waren: Ihre Gehirnwellen hatten einen langsameren Rhythmus. Wenn sie jedoch rauchen durften, stieg ihre Alphaaktivität wieder sprunghaft an. Dann brachten Knott und Venables dieselben drei Gruppen zu einem anderen Experiment in einen verdunkelten Raum, setzten sie intermittierenden Lichtblitzen aus einem Stroboskop aus und zeichneten ihre Gehirnaktivität auf. Verglichen mit den Rauchern und Nichtrauchern zeigten die Personen, die nicht rauchen durften, eine Überempfindlichkeit gegenüber den Lichtblitzen: Sie nahmen die Blitze rascher und stärker wahr. Als sie wieder rauchen durften, normalisierten sich ihre Reaktionen.[12]

Ich habe diese Experimente ausgewählt, weil sie ganz verschiedene Aspekte der kognitiven Leistungen betreffen: die reine Wahrnehmung beim Stroboskoptest, die Konzentration auf etwas Langweiliges beim Reaktionstest und die schnelle Informationsverarbeitung beim Buchstabentest. In jedem Fall hatte das Nikotin – oder der Entzug des Nikotins – deutliche Auswirkungen auf die Versuchspersonen. Diese experimentellen Aufgaben sind natürlich schlichte Abstraktionen dessen, was von Menschen in ihrem normalen Arbeitsleben verlangt werden könnte. Wir sehen nun, daß Raucher zumindest eine Zeitlang Probleme haben, ihre täglichen Pflichten zu erfüllen, wenn sie *nicht* rauchen.

Wie lange hält dieser Zustand an? Jack Henningfield und seine Mitarbeiter am Addiction Research Center in Baltimore führten eine Reihe entsprechender Tests durch und fanden heraus, daß innerhalb von acht Stunden nach der letzten Zigarette deutliche Leistungseinbußen zu verzeichnen waren, die sich in den folgenden zehn abstinenten Tagen fast kaum besserten; dann wurde das Experiment beendet.[13]

Ein wenig differenzierter müssen wir in Bezug auf Wahrnehmungsleistungen vorgehen. Erinnern Sie sich an die Ergebnisse des Testes mit den Lichtblitzen, bei dem die Versuchspersonen das Licht „rascher und stärker" wahrgenommen hatten. Hierzu gibt es Entsprechungen in anderen sensorischen Bereichen. Wahrscheinlich kommt es bei Rauchern, die nicht zur Zigarette greifen dürfen, zu einer *verminderten* Empfindlichkeit des Gehirns. Es ist gut möglich, daß Menschen, die versuchen, mit dem Rauchen aufzuhören, tatsächlich anders sehen und anders hören. Man könnte sagen, ihre Welt bietet ihnen gleichzeitig zuviel und zuwenig. Ihr Gehirn reagiert intensiver auf Licht und weniger intensiv auf Töne. Menschen stellen sich die Wahrnehmung gern als unveränderliches und undifferenziertes Ganzes vor, als würden der Seh-, der Hör- und der Tastsinn alle Eindrücke mit der Passivität einer Kameralinse aufnehmen. Doch unsere Sinne sind in Wirklichkeit eher einer Gruppe exerzierender Soldaten vergleichbar, wobei jeder Gefahr läuft, zu große oder zu kleine Schritte zu machen und damit die Einheit der Truppe zu zerstören. Der abstinente Raucher besitzt eine Kompanie, die nicht mehr im Gleichschritt geht.

Wenn wir diese sensorischen Veränderungen mit den anderen besprochenen Auswirkungen verbinden, bekommen wir allmählich ein vollständigeres Bild davon, was „Drogenabhängigkeit" bedeutet. Entzugserscheinungen sind unter diesem Blickwinkel kein eindimensionaler Zustand des Sich-schlecht-Fühlens. Sie sind die *Summe* all der negativen Dinge, die mit uns geschehen, wenn wir eine Droge absetzen. Wenn ich als Buchhalter ein gewisses körperliches Unbehagen ertragen muß, weil ich das Rauchen aufgegeben habe, und dann der Umstand hinzukommt, daß ich plötzlich Schwierigkeiten habe, mein Hauptbuch richtig zu führen, um wieviel schlechter werde ich mich dann *fühlen*? Und wie sehr erhöht sich die Wahrscheinlichkeit, wieder mit dem Rauchen anzufangen?

6
Absolut

Wenn Nikotinmangel derartige Effekte bei Menschen hervorruft, welche Auswirkungen auf die Leistung können wir dann erwarten, wenn Raucher ständig unter dem Einfluß dieser Droge stehen? Führt sie das Nikotin lediglich in einen „Normalzustand" zurück, oder erhebt es sie gar darüber hinaus? Wir können diese Frage sogar noch weiter fassen: Könnte das Nikotin jedem beliebigen Menschen – Raucher oder Nichtraucher – dabei helfen, besser mit seiner Steuererklärung zurecht zu kommen, besser Schach zu spielen oder im Auto schneller auf die Bremse treten zu können? Mit anderen Worten, wie steht es mit der zweiten zentralen Frage, die wir gestellt haben: Kann das Nikotin *absolute* Leistungsverbesserungen beim Menschen bewirken?

Die Ansichten zu dieser Frage umfassen ein breites Spektrum. Wenn wir das Terrain überblicken, ragen auf der Befürworterseite die englischen Forscher David Warburton und Keith Wesnes von der University of Reading heraus. Sie schreiben:

> »Die Frage, die sich der zukünftigen Forschung stellt, ist nicht, ob das Rauchen die Informationsverarbeitung verbessert, sondern warum, in welchem Ausmaß, in welcher Weise und bei wem es dies tut.«

Und:

> »Raucher lernen, daß das Rauchen zu einer deutlichen Steigerung ihrer geistigen Effizienz führt; ihre Leistungsfähigkeit nimmt zu

> und bleibt über einen längeren Zeitraum erhalten. Dies verstärkt natürlich das Rauchen.«[1]

Auf der gegnerischen Seite wäre zuerst Stanley Schachter von der Columbia University zu nennen. Schachter hat leider vor langer Zeit die Erforschung des Rauchens aufgegeben, doch seinerzeit war er der Hauptvertreter einer extremen Theorie des Rauchens: Menschen rauchten allein deshalb, weil sie nach Zigaretten süchtig seien. So äußert sich Schachter über die angeblichen Vorteile des Rauchens:

> »Eine andere Art, genau diese Schlußfolgerung auszudrücken, ist, daß der starke Raucher nichts vom Rauchen hat. Er raucht nur, um Entzugserscheinungen zu vermeiden. Ich gebe gern zu, daß eine solche Meinung über eine Gewohnheit, die so viel Geld verschlingt und so allgegenwärtig ist wie das Rauchen, pervers erscheinen mag, doch die vorhandenen Daten lassen kaum einen anderen Schluß zu.«[2]

Zwischen diesen Antipoden hat sich die Mehrheit der Rauchforscher eingerichtet, die einer Leistungssteigerung durch Nikotin zwar kritisch gegenüberstehen, sie aber nicht völlig ausschließen wollen. Ich selbst rechne mich vorläufig dem ersten Lager zu: Ich meine, die vorhandenen Forschungsergebnisse weisen darauf hin, daß das Nikotin durchaus in gewisser Hinsicht die menschliche Leistung verbessern könnte.

Was läßt sich von einer Droge erwarten, die Menschen anregen und muntermachen kann, wie wir dies vom Nikotin kennen? Sie könnte zum Beispiel die Fähigkeit einer Person verstärken, sich zu konzentrieren oder aufmerksam zu sein. Wesnes und Warburton führten dazu einige Experimente durch, in denen eine Aufgabe vorkam, die gewöhnlich als Mackworth-Clock-Test bekannt ist. Versuchspersonen wurden in einem Labor isoliert und sollten dort den Minutenzeiger einer Uhr beobachten. Sie mußten jedesmal einen Knopf drücken, wenn der Zeiger *stillstand* (was er immer nur für den Bruchteil eines Augenblicks tat, nämlich drei Hundertstel Sekunden lang), und zwar nur viermal pro Minute und in unregelmäßigen Abständen. Wenn man sich nur zwei Minuten lang darauf konzentrieren müßte, wäre das anstrengend genug, doch der Test ging über 80 Minuten.[3] Das ähnelt dem Versuch, das Gras wachsen zu sehen.

Wie zu erwarten war, neigten die Versuchspersonen dazu, mit zunehmender Dauer des Testes schlechter abzuschneiden. Wesnes und Warburton untersuchten drei Testgruppen: Nichtraucher, Raucher, die zwölf Stunden nicht geraucht hatten) und Raucher, die in mehreren

Intervallen während des Testes rauchen durften. Es zeigte sich, daß die Raucher während der ganzen 80 Minuten ihr Leistungsniveau viel besser beibehalten konnten als die Nichtraucher und die abstinenten Raucher. (Tatsächlich waren die Raucher bis zu 60 Minuten nach Testbeginn immer noch genauso gut wie zu Anfang.)

Vergleichbare Untersuchungen wurden auch zur auditiven Wachsamkeit durchgeführt (die Versuchspersonen hörten bestimmte Zahlenfolgen) und zum Autofahren. Die Ergebnisse waren überall so ziemlich die gleichen: Das Nikotin scheint Menschen dabei zu helfen, sich über längere Zeit zu konzentrieren. Man würde sich zwar *mehr* Beweise wünschen, die diesen Schluß untermauern, doch bereits die vorhandenen Resultate scheinen mir eindeutig in diese Richtung zu weisen. Entscheidend ist hier allerdings, daß Nikotin die Konzentration „bewahrt“: Die Personen bleiben während einer länger dauernden Aufgabe mit Hilfe des Rauchens offenbar gleichmäßig konzentriert. Dies ist nicht damit gleichzusetzen, daß das Nikotin die Konzentration erhöht und dann auf diesem Niveau hält. In den eben erwähnten Untersuchungen sprach wenig für eine solche Wirkung.

Beweise, die für eine allgemeine Verbesserung der Konzentration sprechen, kommen jedoch aus den unterschiedlichsten Quellen. Wesnes und Warburton führten ein anderes Mackworth-Clock-Experiment durch, das dem oben erwähnten sehr ähnlich war, nur, daß sie diesmal Nikotintabletten in verschiedener Dosierung verwendeten und die Droge nicht nur Rauchern, sondern auch Nichtrauchern verabreichten. Das Nikotin verbesserte die Fähigkeit von Rauchern, Pausen zu entdecken, und es verminderte die Tendenz von Nichtrauchern, falschen Alarm zu geben – also auf den Knopf zu drücken, wenn keine Pause aufgetreten war.[4]

Eine gewisse Unterstützung für die Theorie einer allgemeinen Konzentrationsverbesserung lieferten Karin Andersson und ihre Mitarbeiter, die Mitte der siebziger Jahre eine Gruppe von Raucherinnen gleichmäßig in rauchende und abstinente Personen aufteilten und dann den beiden Gruppen eine Abfolge von Wörtern präsentierten, die in verschiedenen Ecken eines Bildschirmes aufblitzten. Den Frauen wurde vorher gesagt, man würde testen, wie gut sie sich an die Wörter erinnern könnten – also welche Wörter zu sehen waren; dabei wurden keine Unterschiede zwischen den beiden Gruppen gefunden. Als man die Versuchspersonen jedoch anschließend zu ihrer Überraschung fragte, in welcher Ecke des Bildschirmes verschiedene Wörter aufgetaucht waren, schnitten die Raucherinnen *schlechter* ab als die Nichtraucherinnen. In einer zweiten Version des Testes erklärte man dann allen

Frauen, sie sollten sowohl auf die Wörter als auch auf ihren Erscheinungsort auf dem Bildschirm achten. Mit dieser Information waren die Raucher im Ortungstest geringfügig besser als die abstinenten Raucher. Möglicherweise hilft das Nikotin, sich auf eine gestellte Aufgabe zu konzentrieren und nebensächliche Informationen zu vernachlässigen.[5]

Raucher sagen manchmal, der Tabak habe für sie eine „kokonartige" Wirkung, weil er sie in ihre private Welt einspinnt und die Umwelt ausschließt. In diese Richtung ging auch Verner Knott; in Ottawa stellte er die These auf, daß Tabak die Aufmerksamkeit erhöhen könnte, indem er als „Stimulusfilter" wirkt. Einige Fakten stützen diese Vermutung: Wie sich anhand von EEG-Messungen zeigen ließ, bewirkt der Tabak, daß Raucher während der Experimente weniger stark auf ablenkende, irrelevante Geräusche reagieren. Knott fand heraus, daß die Reaktion von Rauchern auf ein Geräusch von 100 Dezibel Lautstärke im EEG wesentlich schwächer war, wenn die Personen rauchen durften.[6] Durch den Tabak stieg die Aufmerksamkeit offenbar zuerst an und dann brach sie rasch *ab*, wenn die Art der Aufgabe dies verlangt; der ganze Vorgang läuft blitzschnell ab.[7]

So unterschiedlich diese (und andere) Ergebnisse auch sein mögen, sie scheinen doch auf eine allgemeine Verbesserung der Konzentration durch das Rauchen hinzuweisen. Die Forschung auf diesem Gebiet ist noch nicht abgeschlossen, doch ich vermute, letzten Endes wird eine solche Konzentrationssteigerung tatsächlich belegbar sein. Man muß nicht betonen, daß jeder Mensch sich gerne dauerhaft auf eine langweilige, sich ständig wiederholende Aufgabe konzentrieren und Nebensächlichkeiten und ablenkende Reize ausschalten können möchte. Wir haben früher gesehen, daß der Tabak Anspruch darauf erheben kann, eine *Arbeitsdroge* zu sein; Menschen benutzen ihn während der Arbeit öfter als zu jeder anderen Tageszeit. Damals befaßten wir uns mit den emotionalen Auswirkungen des Tabaks am Arbeitsplatz: seiner Fähigkeit, die Stimmung offenbar auf ruhigem Kurs zu halten. Hier nun, so scheint mir, betrachten wir die kognitive Seite dieses Stimmungseffekts. Wenn er wirklich auftritt, wäre er zumindest ein guter Grund für das Rauchen: Es hilft den Menschen, im täglichen Arbeitsleben ihre Aufgaben zu bewältigen.

Wesnes und Warburton sind die Hauptvertreter der Ansicht, daß das Rauchen die Konzentrationsfähigkeit verbessert, und sie haben im Laufe von nunmehr vielen Jahren eine große Zahl sehr ähnlicher Experimente durchgeführt, um diese Hypothese zu überprüfen. Der grundlegende Aufbau dieser Experimente sieht folgendermaßen aus:

Versuchspersonen sehen auf einem Videoschirm eine Serie von Zahlen aufblitzen und müssen jedesmal, wenn sie eine aufeinanderfolgende Reihe von drei geraden oder ungeraden Zahlen sehen, so schnell wie möglich einen Knopf drücken. Da sie hundert Zahlen pro Minute sehen, ist der Test eine Übung im Schnelldenken. Diese einfachen Experimente werden von einem Computer gesteuert und können mehrere Dinge testen: die Anzahl der richtigen und die Anzahl der falschen Angaben, die Schnelligkeit, mit der die Versuchspersonen den Knopf drücken und ihre Fähigkeit, all dies *über einen gewissen Zeitraum hinweg* zu tun.

Als Wesnes und Warburton nur Raucher testeten, kamen sie zu einigen recht eindrucksvollen Resultaten. Sie entdeckten mehr richtige Zahlenreihen und drückten den Knopf schneller, als wenn sie nicht rauchen durften; darüber hinaus blieb ihre Leistung konstanter.[8] Man könnte aber die Ansicht vertreten, daß Wesnes und Warburton nicht etwa eine Leistungssteigerung gemessen haben, als diese Menschen rauchten, sondern einen Leistungsabfall, als sie vom Rauchen abgehalten wurden, wie kurz auch immer diese Abstinenz gewesen sein mochte.

Das Problem läßt sich in den Griff bekommen, wenn man Nichtraucher unter dem Einfluß von Nikotintabletten testet. Genau dies taten Wesnes und Warburton, und hier erhielten sie zwar einige positive Ergebnisse, doch insgesamt waren die Resultate nicht so überzeugend wie bei den Rauchern.[9] Sie wiesen in dieselbe Richtung wie die Raucherexperimente – das Nikotin verhinderte beispielsweise einen Abfall in der Genauigkeit und Geschwindigkeit mit zunehmender Dauer des Versuchs –, doch sie waren weniger stabil. Meiner Ansicht nach kann man aus dieser Studie die Erkenntnis ziehen, daß das Rauchen diese Form von geistiger Anstrengung unterstützt, und ähnliche Ergebnisse aus anderen Quellen sagen das gleiche aus.

Auch zum Thema Gedächtnis und Lernen liegen viele Forschungsarbeiten vor – vielleicht mehr als zu jedem anderen Aspekt des Zusammenwirkens von Nikotin und geistiger Arbeit. Diese Untersuchungen befaßten sich mit Ratten und Menschen, Kurzzeit- und Langzeitgedächtnis, schwierigem und einfachem Material – kurz: Die Wissenschaft hat einen beachtlichen Teil der möglichen Fragestellungen abgedeckt. Würden wir jedoch alle diese Arbeiten durchsehen, so blieben wir am Ende mit dem Gefühl zurück, daß sich hier die Katze in den Schwanz beißt: Für jede Studie, die eine Wechselwirkung belegt, gibt es eine andere, die diese Wirkung leugnet oder gar für einen gegenteiligen Effekt spricht. Wenn überhaupt eine Auswirkung übereinstimmend nachgewiesen wurde, dann die, daß das Nikotin, wie viele andere Drogen, ein „zustandsabhängiges“ Lernen ermöglicht. Dies bedeutet, daß jemand, der etwas in einem bestimmten Zustand lernt – ob er nun unter dem Einfluß von Drogen wie Nikotin oder Koffein steht oder nicht –, sich in diesem Zustand auch besser daran erinnern kann. Doch die besprochene Wirkung als solche ist keine absolute Leistungsverbesserung; ein Motiv für das Rauchen stellt sie also nur insofern dar, als der Entzug von Nikotin zu Leistungseinbußen führen würde.

Das letzte Gebiet, das wir hier betrachten wollen, hat mit Wahrnehmung und Bewegung auf rein physikalischer Ebene zu tun. Die meisten von uns haben schon einmal einen Ventilator angeschaltet und dabei zugesehen, wie die drei einzelnen Flügel mit zunehmender Geschwindigkeit zu einer geisterhaften grauen Masse verschmolzen. In der Wissenschaft gibt es eine Analogie zu diesem Vorgang, die Flimmerverschmelzungsfrequenz. Stellen Sie sich das so vor: Sie sitzen in einem verdunkelten Raum und beobachten, wie ein Licht an- und ausgeht, zuerst langsam, dann immer schneller, bis es an einem gewissen Punkt aufhört zu flackern und aussieht wie ein permanent eingeschaltetes Licht. Der Punkt, an dem das Flackern aufhört, die sogenannte Flimmerverschmelzungsfrequenz, ist ein Maß für den Aktivierungszustand des Gehirns; sie wird durch Faktoren wie Müdigkeit beeinflußt.[10] Eine hellwache Person wird also das Flackern während des Versuchs länger wahrnehmen als eine müde.

In England untersuchten Hans Eysenck und K. M. Warwick eine Gruppe von 60 Rauchern und Nichtrauchern, die interessanterweise alle Mitglieder eines „Genieklubs“ für Hochbegabte namens *Mensa* waren. Sie maßen die Flimmerverschmelzungsfrequenz ihrer Versuchspersonen unter zwei Bedingungen: einmal ohne Nikotin und einmal mit sehr kleinen Dosen von Nikotin, das in Tablettenform eingenommen wurde. Die Personen, denen Nikotin zugeführt worden war, konnten das Flackern länger wahrnehmen.[11]

In einem anderen Zusammenhang gaben Forscher in England einer Gruppe von Nichtrauchern Nikotin (in Form eines Nasensprays) und forderten sie dann auf, mit dem Zeigefinger so schnell wie möglich auf die Tastatur eines Computers zu tippen. Die Versuchspersonen konnten unter Nikotineinfluß um fünf Prozent schneller tippen. Dies war kein kurzlebiger Effekt; er trat noch eine Stunde nach der Verabreichung auf.[12] (Wie schnell können Sie auf eine Computertastatur tippen? Vermutlich 448mal pro Minute mit Nikotin und 427mal ohne.)

Körperliche Leistungssteigerungen wie diese besitzen für die meisten Menschen wohl kaum eine praktische Bedeutung, es sei denn, daß sie sich dadurch möglicherweise im Umgang mit ihrer Umwelt ein wenig anders *fühlen*.

Ich habe dies alles unter anderem deshalb besprochen, weil mich die Idee nicht losläßt, auf diese Weise vielleicht ein Phänomen erklären zu können, das einen großen Teil der amerikanischen Öffentlichkeit verblüfft: Warum kauen so viele Baseballspieler Tabak? 1987 untersuchten G. N. Connolly und seine Mitarbeiter 265 Spieler in sieben Teams und fanden heraus, daß 34 Prozent Kautabak benutzten.[13] Die Gründe dafür waren die üblichen: Entspannung, Gewohnheit, Abhängigkeit. Und keiner sagte, es beschleunige seine Reflexe oder verbessere sein Spiel. Wir haben jedoch gesehen, daß viele Beweggründe für den Konsum von Tabak auf einer unbewußten Ebene zu finden sind, und es sollte uns nicht überraschen, daß auch Baseballspielern, wie den meisten anderen Menschen, nicht bewußt ist, was der Tabak mit ihnen oder für sie anstellt. (Außerdem, können wir wirklich erwarten, daß sie *zugeben* würden, eine Droge helfe ihnen auf dem Spielfeld?) Im übrigen stimmen die Aussagen der Profisportler mit den Ergebnissen einer Untersuchung überein, die Steven Edwards und seine Mitarbeiter von der Oklahoma State University durchführten: Bei einer Gruppe männlicher Collegestudenten, worunter auch einige aktive Sportler waren, verbesserte das Tabakkauen die Reaktionszeiten nicht.[14]

Dieses Resultat weicht etwas von den Ergebnissen anderen Studien ab, die sich mit der Auswirkung des Nikotins auf die Reaktionszeit befaßten, doch auch, wenn wir die Ergebnisse aus Oklahoma einfach so akzeptieren, ist klar, daß Reaktionszeiten bei sportlichen Leistungen nicht alles sind. Betrachten Sie folgendes: In Australien zeichneten Jeannette Friedman und Russell Meares Reaktionen auf visuelle und auch auditive Reize (evozierte Potentiale) bei einer Gruppe von Rauchern auf, und ihre Ergebnisse waren mit der Auffassung vereinbar, daß »Rauchen die visuelle Wahrnehmung verbessert, während es die auditive dämpft oder reduziert«.[15] Sie wiesen darauf hin, daß andere Untersuchungen mit Nikotin eine gesteigerte Empfänglichkeit für visuelle Stimuli einerseits und ein Ausblenden bedeutungsloser akustischer Reize andererseits nachgewiesen haben (zum Beispiel die von Verner Knott). Dies klingt für mich wie eine perfekte Kombination für einen Baseballspieler, der beim Schlagen eine brüllende Menge ignorieren und gleichzeitig der Flugbahn des Baseballs ungeteilte Aufmerksamkeit schenken muß. Phillip Woodson ist der Ansicht, daß die visuellen Verbesserungen Aufmerksamkeitssteigerungen entsprechen, die vollkommen mit der Konzentration auf einen fliegenden Ball vereinbar sind.[16] Die Resultate, die bei der Flimmerverschmelzungsfrequenz und der

Tipprate erzielt wurden, vertragen sich ebenfalls mit der Vorstellung, daß das Tabakkauen den Spielern das kleine Extra geben könnte, das sie für ein gutes Spiel brauchen. (Bei professionellen Sportlern kann „ein kleines bißchen mehr" sehr viel ausmachen.)

Dies ist natürlich alles spekulativ, und es ist klar, daß das Nikotin auch andere Auswirkungen hat – zum Beispiel Händezittern –, die wohl kaum jemandem helfen werden, einen schnellen Ball zu treffen. Doch ich denke, daß man auf Seiten des Baseballverbandes in allen Einzelheiten prüfen und schließlich entscheiden sollte, ob das Tabakkauen nicht genauso bewertet werden müßte wie das Doping mit Steroiden beim Football: als verbotener Einsatz von Drogen. Tabakkauen verursacht Mundkrebs, und seine Verwendung bei männlichen amerikanischen Teenagern steigt stark an. Jeder, der mit Kindern und Heranwachsenden Kontakt hat, weiß, welche an Verehrung grenzende Bewunderung sie für berufsmäßige Baseballspieler hegen. Aus diesen Gründen sollte im Interesse der Volksgesundheit das Tabakkauen der Profibaseballspieler auf dem Spielfeld eingeschränkt werden; wir haben gesehen, daß Tabak erwiesenermaßen *als Droge* im Spiel wirkt.

Wir können alle diese Auswirkungen und Effekte in einem breiteren Zusammenhang sehen, wenn wir uns erinnern, daß sich der Mensch mittels Nikotin auf der Sedierungs-Stimulations-Skala auf und ab bewegen kann – je nachdem, wieviel er davon nimmt und in welcher Situation. Es scheint also gut möglich, daß Raucher die geschilderten Effekte – eine gesteigerte Konzentration, eine verbesserte geistige Informationsverarbeitung, eine kürzere körperliche Reaktionszeit – *nach Wunsch* verändern können. Das heißt, nicht jedesmal, wenn eine Person raucht, werden auch dieselben Wirkungen eintreten: Es werden sich *verschiedene* Dinge ereignen, je nach dem, was der Raucher gerade will, und dies würde das Nikotin zu einer Art Allzweckdroge machen.

Von diesem Standpunkt aus betrachtet, ist das Rauchen also nicht nur eine Sucht, an die Menschen gefesselt sind; es ist ein Hilfsmittel, ein Kunstgriff, wenn Sie so wollen, das zu einem besseren Funktionieren der Menschen beiträgt. Wir haben weiter vorne einige Beispiele besprochen, die auf der emotionalen Seite diese Auffassung stützen; hier nun liegen uns entsprechende Befunde auf der kognitiven Seite vor. Diese Auswirkungen – soweit sie tatsächlich existieren – sind subtil, und es ist klar, daß die westliche Zivilisation Hunderte von Jahren ganz gut ohne sie ausgekommen ist. Außerdem, was immer diese Effekte Positives bewirken, ihr Nutzen ist jedenfalls gering, wenn man an den Tod durch Lungenkrebs oder Herzkrankheiten denkt.

Von den absoluten Vorteilen, die das Nikotin bieten kann, bleibt noch einer zu besprechen: Nikotin fördert sicherlich das menschliche Wohlbefinden, denn das Rauchen hilft schlanker zu bleiben. Es nimmt überflüssige Pfunde und sorgt dafür, daß sie sich nicht wieder festsetzen. Dies ist nicht nur eine Volksweisheit, sondern eine solide wissenschaftliche Erkenntnis, die auf vielen Forschungsarbeiten beruht.

Man muß jedoch beachten, wie ich das Verhältnis zwischen Nikotin und Gewicht formuliert habe: Es nimmt überflüssige Pfunde und sorgt dafür, daß sie sich nicht wieder festsetzen. Das heißt, Menschen, die mit dem Rauchen beginnen, werden wahrscheinlich Gewicht *verlieren*, und Gewohnheitsraucher nehmen weniger schnell zu als Nichtraucher. Zudem hält dieser Effekt ein ganzes Raucherleben an, so daß der Gewichtsunterschied zwischen Rauchern und Nichtrauchern mit dem Alter zunimmt.[17]

Dies läßt das Nikotin wie eine Art Zauberelixier gegen allgegenwärtige Gewichtsprobleme erscheinen. Es hat tatsächlich etwas von einem Wundermittel, doch es ist entschieden ein *schwaches* Elixier. Raucher wiegen durchschnittlich etwa sieben Pfund weniger als Nichtraucher, und Menschen, die sich das Rauchen abgewöhnt haben, nehmen im darauffolgenden Jahr in der Regel etwa sechs Pfund zu. Man sollte jedoch bedenken, daß dies Durchschnittswerte sind: Einige Untersuchungen berichten von Rauchern, die 15 Pfund weniger als vergleichbare Nichtraucher auf die Waage brachten, und andere Studien ergaben, daß Raucher im ersten Jahr nach der erfolgreichen Entwöhnung im Durchschnitt 18 Pfund zunahmen. Wie bei allem sind es auch hier die Extreme, die unsere Sichtweise prägen. Wenn Molly 20 Pfund zugenommen hat, nachdem sie das Rauchen aufgab, und Fred nur fünf Pfund, wird es Molly sein, an die wir uns erinnern.

Wir können ziemlich sicher sein, daß das Nikotin im Tabakrauch dieses Phänomen verursacht (und nicht das Kohlenmonoxid); Menschen, die das Rauchen aufgeben, nehmen langsamer zu, wenn sie Nikotinkaugummi kauen. Die Frage, wie das Nikotin seine schlankmachenden Eigenschaften entfaltet, war immer wieder Gegenstand von Untersuchungen, doch erst jetzt sind Wissenschaftler in der Lage, die Hauptfaktoren zu benennen.

Es ist bekannt, daß Menschen mehr essen, wenn sie mit dem Rauchen aufhören, und wir wissen – vor allem durch die Arbeit von Neil Grunberg –, daß das Nikotin insbesondere den Appetit auf süße Nahrungsmittel zügelt. Es war jedoch seit langem klar, daß Nahrungsreduktion nicht die einzige Erklärung sein kann, da Tiere, die Zigarettenrauch ausgesetzt sind, an Gewicht verlieren, obwohl sie nicht weniger fressen. Außerdem halten wohl Raucher ihr Körpergewicht niedriger, auch wenn sie nicht weniger und manchmal sogar mehr als Nichtraucher essen.[18]

Dies legte folgenden Schluß nahe: Entweder erhöht das Rauchen die körperliche Aktivität, oder es erhöht die Stoffwechselrate. In jedem Fall würden Raucher mehr Kalorien als Nichtraucher verbrennen und schlanker bleiben. Es hat sich gezeigt, daß, falls dieser Unterschied überhaupt besteht, Raucher körperlich *weniger* aktiv als Nichtraucher sind. Tierversuche lassen vermuten, daß das Nikotin sich kaum auf die körperliche Aktivität auswirkt. (Wie kann man die Aktivität von Tieren messen? Man schickt infrarote Strahlen durch die Käfige; die Tiere unterbrechen diese Lichtstrahlen – so, wie Menschen die Lichtstrahlen bei automatischen Türen blockieren –, und ein Computer registriert jede dieser Unterbrechungen als Bewegung.)

Da die körperliche Aktivität keine besondere Rolle spielt, müßte es der Stoffwechsel sein, der Veränderungen im Nahrungsverbrauch bewirkt, und so den schlankmachenden Effekt des Rauchens erzeugt. Bis Ende 1988 waren die wissenschaftlichen Ergebnisse dazu jedoch widersprüchlich: Einige Untersuchungen ergaben, daß die Stoffwechselraten von Menschen sanken, die mit dem Rauchen aufhörten, doch andere Studien erbrachten keine solchen Resultate.

1989 führten dann Kenneth Perkins und seine Mitarbeiter zwei Studien durch, die uns der Lösung dieses Problems einen großen Schritt näherbrachten. Erstens zeigten sie, daß das Nikotin eine kleine, aber signifikante Erhöhung der Stoffwechselrate bei Menschen erzeugt, wenn sie ruhen – das heißt, wenn sie wach sind, aber nichts tun. Die Forscher fragten sich jedoch, inwieweit dieser Befund den Zusammenhang zwischen Rauchen und Gewicht erklären kann. Wir können davon ausgehen, daß Raucher den Großteil ihrer Tagesration Zigaretten rauchen, während sie arbeiten. Könnte es sein, fragte sich Perkins' Gruppe, daß der metabolische Effekt des Nikotins während einer „leichten Aktivität“ für diese schlankmachenden Auswirkungen bedeutsamer ist?

Die Antwort lautete: Ja. Perkins bildete zwei Gruppen von Rauchern und gab der einen eine standardisierte Dosis Nikotin (durch die Nase), während die andere ein Placebo erhielt. Dann ließ er beide Gruppen abwechselnd ruhen oder ohne große Anstrengung auf einem Fahrrad fahren. Obwohl das Nikotin bewirkte, daß die Versuchspersonen sowohl im Ruhezustand als auch während des Tretens mehr Energie verbrauchten, war der absolute zusätzliche Energieverbrauch, der *durch das Nikotin verursacht wurde*, mehr als zweimal so groß, wenn die Versuchspersonen eine leichte Arbeit ausführten. Anders ausgedrückt, das Nikotin trägt während einer Tätigkeit viel mehr zur Erhöhung der Stoffwechselrate bei als während des Ruhens.[19]

Perkins' Ergebnisse bieten eine Erklärung dafür, warum das Nikotin das Gewicht mancher Raucher so auffallend beeinflußt, während es sich bei anderen kaum darauf auswirkt: Bei Menschen, die dazu neigen, während ihrer Aktivitätsphasen mehr zu rauchen, wird sich das Nikotin stark auf das Gewicht auswirken. Andererseits werden Menschen, die vor allem rauchen, während sie sich entspannen, geringere Auswirkungen auf ihr Gewicht beobachten.

Aufgrund dieser Forschungsarbeit haben wir nun eine recht gute Vorstellung davon, welche Mechanismen – zumindest auf höherer Ebene – an der Wirkung des Nikotins auf das Gewicht beteiligt sind: Raucher essen wahrscheinlich etwas weniger, besonders weniger Süßigkeiten; sie verbrennen mehr Kalorien als Nichtraucher, vor allem, wenn sie rauchen, während sie eine Tätigkeit ausüben.

Ist der Wunsch, abzunehmen oder das Gewicht zu halten, aber ein Grund, mit dem Rauchen anzufangen und es nicht wieder aufzugeben? Hierzu sind die Ergebnisse nicht eindeutig, doch die Antwort scheint Ja zu sein. 1983 untersuchte Larry Tucker 400 männliche Schüler an höheren Schulen, wobei die Übergewichtigen viel häufiger als normalgewichtige oder untergewichtige Schüler sagten, sie hätten vor zu rauchen.[20]

Die englische Wissenschaftlerin Anne Charlton untersuchte Mitte der achtziger Jahre 16000 Schulkinder: 42 Prozent der starken Raucher waren der Ansicht, das Rauchen helfe bei der Gewichtskontrolle. Als dieselbe Frage Studenten gestellt wurde, die nie geraucht hatten, waren nur 17 Prozent dieser Meinung. Je mehr geraucht wurde, desto stärker wurde dieser Behauptung zugestimmt.[21] Robert Klesges und seine Mitarbeiter befragten 1987 eine Gruppe von langjährigen Rauchern. Personen, die noch nie versucht hatten, mit dem Rauchen aufzuhören, ließen sich am besten daran erkennen, welche Bedeutung sie der Gewichtskontrolle beimaßen.[22]

Ein letzter Punkt im Zusammenhang von Rauchen und Gewicht muß noch erwähnt werden: Die Beweise dafür, daß dieses Thema Frauen stärker berührt als Männer, sind geradezu überwältigend. Zum einen könnte das Rauchen tatsächlich das Gewicht von Frauen anders beeinflussen als das Gewicht von Männern. Zwei der drei vorliegenden Untersuchungen berichten, daß die Gewichtsunterschiede bei Raucherinnen und Nichtraucherinnen größer als bei Rauchern und Nichtrauchern sind; es spricht auch einiges dafür, daß Frauen, die mit dem Rauchen aufhören, ihre Nahrungsmenge stärker erhöhen als Männer.

Zum anderen sind Frauen und Mädchen sicherlich stärker als Männer an den Zusammenhängen zwischen Rauchen und Gewicht *interessiert*. Der Surgeon General's Report von 1988 berichtet, daß sich gerade Frauen in besonderem Maße Sorgen über eine mögliche Gewichtszunahme machen, wenn sie das Rauchen aufgeben; sie neigen eher dazu, das Rauchen als Strategie zum Abnehmen gutzuheißen, und sie berichten häufiger, daß sie aus Gewichtsgründen zu rauchen begonnen hätten.

Die Erklärungen für diese Ungleichheit dürften wohl den Rahmen dieses Buches sprengen, doch wir wollen einen Grund kurz ansprechen. Robert Klesges führte eine Untersuchung mit 223 Versuchspersonen durch und fand heraus, daß Frauen das Ausmaß ihres Übergewichts genauer anzugeben vermochten als Männer. Umgekehrt glaubten normalgewichtige und untergewichtige Frauen, sie würden mehr wiegen, als dies dann tatsächlich der Fall war, während normalgewichtige und untergewichtige Männer sehr genau über ihre Gewichtsverhältnisse Bescheid wußten.[23]

Das Rauchen scheint einen zusätzlichen Beweis für die Bedeutung zu liefern, die Frauen dem Körpergewicht beimessen (vielleicht kann man schon von Besessenheit sprechen?); dies sollte eigentlich ein Thema für Feministinnen sein. Lungenkrebs ist inzwischen zur häufigsten Krebsart amerikanischer Frauen geworden und hat damit den Brustkrebs überflügelt. Heute rauchen mehr junge Frauen als junge Männer. Vielleicht können wir aus den besprochenen wissenschaftlichen Ergebnissen ableiten, daß die Angst, zu dick zu werden, in gewissem Maße für diese deprimierende Entwicklung verantwortlich ist. In dem Ausmaß, in dem Frauen weiterrauchen, weil sie sich um ihr Gewicht sorgen, sterben sie an diesen Sorgen. Welchen gesundheitlichen Vorteil auch immer eine Frau erzielen mag, wenn sie sieben Pfund abnimmt, er wird von den verheerenden körperlichen Auswirkungen des Rauchens mehr als zunichte gemacht. Da fast ein Viertel aller erwachsenen Amerikanerinnen raucht, ist dies keinesfalls mehr eine triviale Angelegenheit: 1985 wurde bei rund 46000 Amerikanerinnen Lungenkrebs diagnostiziert[24], und es steht zu vermuten, daß 85 Prozent davon heute nicht mehr leben.

Wie gewöhnlich, hat die Tabakindustrie ein wichtiges Thema in der falschen Weise aufgegriffen. Früher einmal verband die Industrie in ihren Werbeappellen das Rauchen lautstark mit einer schlankeren weiblichen Figur. (»Nimm eine Lucky statt Süßigkeiten« war ein denkwürdiger Werbeslogan der zwanziger Jahre.) Heute klebt sie einfach Bilder schöner, ultradünner Frauen, die ultradünne Zigaretten rauchen, im ganzen Land an Plakatwände und Anzeigetafeln. Die unausgesprochene, aber offensichtliche Botschaft suggeriert: »Rauchen bedeutet Schlanksein.« Und wie wir gesehen haben, trifft das in gewissem Maße auch zu. Natürlich ist die gesamte amerikanische Werbung eine einzige große Traumfabrik, und man kann „Big Tobacco" nicht mehr als anderen Firmen vorwerfen, auf dieser Welle zu schwimmen. Das Problem ist jedoch, daß bei diesem Produkt sehr viel aufs Spiel gesetzt wird. Der Verbraucher läuft nicht nur Gefahr, ein Produkt zu kaufen, das er nicht braucht, sondern eines, das ihn süchtig machen und umbringen kann. Und, um die Worte eines anderen Autors zu wiederholen, es scheint klar, daß das Rauchen ein feministisches Thema ist.

* * *

Wenn wir die Auswirkungen des Nikotins auf das alltägliche Leben von Menschen betrachten – sowohl im Hinblick auf den Gewichtsverlust als auch auf die besprochenen kognitiven Effekte –, lohnt es sich, darauf hinzuweisen, daß sich diese ganze Debatte fast ausschließlich um die *Verbesserungen* dreht, die das Nikotin bewirken könnte. Gelegentlich werden auch nachteilige Auswirkungen des Nikotins beobachtet, doch im großen und ganzen lautet die Frage: Bewirkt das Nikotin etwas Positives oder bewirkt es gar nichts? Dies ist ziemlich bemerkenswert, wenn man die *negativen* Auswirkungen der meisten „Freizeitdrogen" bedenkt. Informationsverarbeitung und Alkohol? Konzentration und Heroin? Gedächtnis und Marihuana? Doch Sie als Leser wird dies vielleicht nicht mehr verwundern, denn unsere bisherige Diskusssion ließ erkennen, daß das Nikotin zwar durchaus als Droge betrachtet wird, aber eben als eine sehr seltsame.

7
Den Kapitän des Schiffes lenken

Viele Menschen, die das Rauchen aufgegeben haben – aber auch die Menschen, die mit ihnen zu tun hatten –, werden es vielleicht absurd finden, daß überhaupt jemals zur Debatte stand, ob Rauchen süchtig macht oder nicht. Schließlich bekennen zwei Drittel aller Raucher, daß sie gern damit aufhören würden. Sie sagen dies vermutlich *trotz* aller Vorteile, die sie aus dem Rauchen ziehen mögen. Was hindert sie daran, diesen Wunsch in die Tat umzusetzen? Als Anhaltspunkt kann uns eine Beschreibung dienen, wie sie Menschen, die mit dem Rauchen aufhörten, immer wieder gegeben haben:

> »Ich sage dir, ich habe mich derart nach einer Zigarette gesehnt, daß ich weinte. Ich weinte tatsächlich. Und nicht nur einmal, sondern einige Male. Ich war so nervös, daß ich kaum mehr mit der Arbeit fortfahren konnte, und ich konnte das nicht verbergen. Nach einer Weile habe ich nur noch gezittert. Die Leute sagten, sie hätten nichts bemerkt, aber ich konnte es fühlen.«[1]

Was hier geschieht, ist offenbar nicht damit vergleichbar, wenn jemand beispielsweise seine Lieblingsfrühstücksflocken nicht bekommen kann, und es scheint daher etwas lächerlich, angesichts solcher Berichte zu behaupten, hierbei handle es sich um nichts weiter, als um eine ausgeprägte Vorliebe für Tabak.

Andererseits ist alles relativ. Im folgenden lesen Sie einen Auszug aus der Beschreibung eines Heroinentzugs, die von dem Wissenschaftler Jerome Jaffe stammt:

> »Zu den Symptomen gehören Schlaflosigkeit, ausgeprägte Appetitlosigkeit, heftiges Gähnen, Niesanfälle, Schwäche, Depression sowie Übelkeit und Erbrechen, Darmkrämpfe und Durchfall. Herzschlag und Blutdruck sind erhöht; es tritt ein deutliches Kältegefühl auf, das sich mit Hitzewallungen und extremem Schweißausbrüchen abwechselt. Der Süchtige bekommt immer wieder eine Gänsehaut (vor diesem Hintergrund wurde der Ausdruck „cold turkey" geprägt). Bauchkrämpfe und Knochen- und Muskelschmerzen sind charakteristisch, ebenso Muskelkrämpfe und Zuckungen. Andere Anzeichen sind Ejakulationen bei Männern und Orgasmen bei Frauen. Die Unfähigkeit, feste und flüssige Nahrung aufzunehmen, führt zusammen mit Erbrechen, Schwitzen und Durchfall zu starkem Gewichtsverlust und Dehydration. Gelegentlich kommt es zu einem Herz-Kreislauf-Kollaps.«[2]

Die Entzugserscheinungen bei diesen beiden Drogen unterscheiden sich also eindeutig; verständlicherweise könnte man sich deshalb fragen, ob es sich beim Nikotinentzug überhaupt um einen echten Drogenentzug handelt.

Außerdem sind Entzugssymptome nur *ein* Anzeichen für Sucht, oder genauer: für körperliche Abhängigkeit. Es gibt eine ganze Reihe standardisierter wissenschaftlicher Tests, um festzustellen, ob eine Droge zu körperlicher Abhängigkeit führen kann, und bis zum Ende der siebziger Jahre war bei einigen dieser Tests nicht klar, ob das Nikotin bestanden hatte oder durchgefallen war.

Trotzdem ist vielleicht nicht ohne weiteres einzusehen, warum Wissenschaftler mühevoll beweisen mußten, was für den Mann auf der Straße immer schon eine Tatsache war. Doch zum einen kann dieses Problem wie jede abstrakte Frage nur mit wissenschaftlichen Methoden geklärt werden, denn nur im Laboratorium und im Reich der exakten Dosierungen und statistischen Signifikanzprüfungen lassen sich Meinungen und Volksweisheiten von Fakten trennen. Zum anderen ist dies nicht nur eine akademische Frage. Bei sozialpolitischen Entscheidungen – Länder- und Bundesgesetzen, Maßnahmen von Aufsichtsbehörden und ähnlichem – ist es wichtig zu wissen, ob Rauchen süchtig macht oder nicht. Um nur ein Beispiel herauszugreifen: Die Debatte in den späten achtziger Jahren, ob die wenig erfolgreiche „rauchlose Zigarette" der Firma J. R. Reynolds namens „Premier" unter die Aufsicht der Food and Drug Administration (FDA) falle, war davon abhängig, ob dieses Produkt als *suchterzeugende* Droge zu betrachten war oder nicht.

Es gibt eine ausgesprochen wehrhafte Lobby, welche die Öffentlichkeit glauben machen möchte, Nikotin mache *nicht* süchtig. Die Tabakindustrie kämpfte mit Zähnen und Krallen – und, wie sich gezeigt hat, erfolgreich – darum, das Wort „suchterzeugend" aus den gegenwärtigen Warnhinweisen des Surgeon General herauszuhalten. Man glaubt, die Industrie fürchte das Suchtetikett allein schon deswegen, weil sich dadurch ihre rechtliche Position in Verfahren hinsichtlich der Produkthaftung verschlechtern könnte. Darüber hinaus aber möchte „Big Tabacco" einfach als ein ganz normaler amerikanischer Geschäftszweig gelten, welcher der Öffentlichkeit gibt, was sie will – einen Konsumartikel. Das Suchtetikett ordnet ihn jedoch eindeutig einem anderen Lager zu, nämlich der unseriösen Welt des Drogenhandels.

Da der Konsum von Tabak eine Sucht ist, können die prosperierenden Tabakgesellschaften vielleicht nach den Sternen greifen, sie haben aber auf einen Grund gebaut, der verachtenswerte Zusammenhänge offenbart: Sie liefern ihren Kunden ein Produkt, das diese immer und immer wieder verwenden müssen, um nicht geistig und körperlich zu leiden.

Wie sich gezeigt hat, ist der Kampf des Surgeon General um den Wortlaut der Warnhinweise die einzige Schlacht, die von den Tabakgesellschaften in den letzten Jahren auf diesem Gebiet gewonnen wurde. Die Weltgesundheitsorganisation, die American Psychiatric Association, die American Public Health Association, das National Institute on Drug Abuse und schließlich der Surgeon General – sie alle sind unabhängig voneinander zu dem Ergebnis gekommen, daß Rauchen süchtig macht. (Der Surgeon General kann ein solches Resultat zwar in eigener Entscheidung bekanntgeben; eine Änderung der Warnung des Surgeon General auf Zigarettenpackungen jedoch erfordert einen Kongreßbeschluß, der sich natürlich nicht nach der Wahrheit, sondern nach den politischen Kräfteverhältnissen richtet.) Dies ist also bis auf Kleinigkeiten geklärt; es gibt keine „Kontroverse" mehr darüber, ob Rauchen süchtig macht.

Aber woher wissen wir, daß Rauchen abhängig macht? Nun, zunächst einmal ist inzwischen klar, daß das Rauchen – dieser anscheinend zufällige, ziellose Akt – höchst regelmäßig und kontrolliert abläuft, und genau das ist das eigentliche Kennzeichen einer suchterzeugenden Droge. In Anlehnung an diese fast militärische Disziplin, die das Rauchen erfordert, können wir und die Sucht wie eine Art Feldwebel vorstellen, der einer Gruppe neu eingetretener Nikotinanwärter Anweisungen erteilt:

»Rekruten, Sie werden erleben, daß Ihnen das Rauchen zuerst Übelkeit verursacht, doch Sie werden dabeibleiben und mit jedem weiteren Monat ein wenig mehr rauchen, bis sich Ihr Verbrauch eingependelt hat, gewöhnlich bei 20 Zigaretten pro Tag. An diesem Pensum werden Sie jahrelang, vielleicht ein Leben lang, festhalten. So sieht meine Langzeitprognose für Sie aus. Was ihr tagtägliches Verhalten betrifft, so werden die Zigaretten, die Sie rauchen, gleichmäßig über den Tag verteilt sein; auch werden Sie jede Zigarette in regelmäßigen Zügen rauchen. Die Hauptsache aber ist, daß Sie jeden Tag dieselbe Menge Nikotin aufnehmen. Versuchen Sie nicht, diese Menge zu ändern, denn es wird Ihnen ohnehin nicht gelingen. Wenn Sie die Anzahl Ihrer Zigaretten verringern, werden Sie merken, daß Sie einfach die Anzahl der Züge pro Zigarette erhöhen. Wenn Sie aber versuchen, weniger Züge pro Zigarette zu machen, wird dies dazu führen, daß Sie mehr Zigaretten rauchen.«

Beim Rauchen läuft also alles geregelt ab. Raucher entscheiden nicht nach Lust und Laune, ob sie eine Zigarette rauchen. Innerhalb eines gewissen losen Rahmens sind sie praktisch dazu gezwungen. Hier treffen wir wieder auf das Nikostat-Konzept, mit dem unsere ganze Diskussion begann, und wir können sehen, daß es durchaus zutreffend ist.

Dies wird durch eine sehr verbreitete Praktik veranschaulicht: durch die Verwendung von Zigaretten mit „niedrigem Teer- und Nikotingehalt". Diese Bezeichnung können Zigaretten in Amerika infolge eines Beurteilungsverfahrens der Federal Trade Commission (FTC), das 1967 eingeführt wurde, offiziell führen. Dahinter steht natürlich die Idee, daß Menschen, die das Rauchen nicht lassen können, zumindest die Möglichkeit erhalten sollen, mittels „leichter" Zigaretten die aufgenommene Menge an Teer und Nikotin zu reduzieren. Zudem soll die Beurteilungsmethode der FTC diesen Rauchern dabei helfen, geeignete Zigarettenmarken herauszufinden.

Ich denke, sogar heute noch glauben die meisten Menschen, der Tabak in diesen Zigaretten *enthalte* weniger Nikotin, genauso wie etwa Magermilch weniger Fett enthält. Das ist aber nicht der Fall (was die Tabakindustrie zweifellos immer schon gewußt hat). Diese Zigaretten erreichen ihre niedrigen Werte nach der FCT-Methode vielmehr aufgrund von Merkmalen wie den Belüftungslöchern – die den Tabakrauch mit reiner Luft verdünnen – und der Geschwindigkeit, mit der ihr Tabak verbrennt. Solche Eigenschaften bewirken, daß diese Zigaretten weniger Teer und Nikotin an FCT-geeichte Rauchmaschinen *abgeben* – aber nicht notwendigerweise auch an Menschen. Warum nicht? Weil Menschen Dinge tun, die FCT-Maschinen nicht tun: Sie blockieren die Luftlöcher, rauchen die Zigaretten fast bis zum Filter hinunter oder machen intensivere Züge; sie brauchen eine gewisse Menge Nikotin, um ihr Verlangen zu zügeln, und werden sie auf die eine oder andere Weise auch von „leichten" Zigaretten bekommen. Erst bei den *ultraleichten* Zigaretten funktionieren diese Techniken nicht mehr. Und was ist in diesem Fall das Resultat? Niedrige Verkaufszahlen bei den Ultraleichten, weil sie das Verlangte nicht liefern, wie immer man sie auch manipuliert.*

Die Erfahrungen dieses ganzen Industriezweiges stimmen also vollkommen mit der Auffassung überein, daß Raucher tagein tagaus eine gewisse Menge Nikotin brauchen. Diese Form der Beweisführung ist uns vertraut, weil sie sich auf nachvollziehbare alltägliche Beobachtungen stützt. Ein Großteil der Beweise zur suchterzeugenden Natur des Rauchens wird jedoch in der hochtechnisierten Umwelt eines Labors erbracht.

Nehmen wir an, es sei 1980, und die Weißkittel des medizinischen Establishments – die über die Kleinigkeit beunruhigt sind, daß jedes Jahr 360000 Amerikaner an den Folgen des Rauchens sterben – sagen, ihrer Meinung nach mache Tabak süchtig. Gleichzeitig behaupten die Nadelstreifenburschen von der Tabakindustrie: Unsinn, er wirkt entspannend, belebend und so weiter. Beide Parteien haben in dieser Streitfrage Interessen zu vertreten. Wohin also wenden wir uns, um eine objektive Aussage zu erhalten – eine, die nicht durch

---

* Drei Forschergruppen haben wir es vor allem zu verdanken, daß dieser ganze Schwindel mit dem niedrigen Teergehalt aufgedeckt wurde: Lynn Kozlowski und seinen Mitarbeitern an der Addiction Research Foundation in Toronto, Neal Benowitz und Peyton Jacob III sowie ihren Mitarbeitern an der University of California in San Franzisko und M. A. H. Russell in England. Kozlowski lenkte die Aufmerksamkeit auf das „Löcherblockieren" und zeigte, wie effektiv diese und andere Techniken Rauchern Nikotin und Teer liefern können. Diese Tricks verwandelten eine John Players King Size Ultramild Zigarette – offiziell enthält sie 0,8 Milligramm Teer – in einen Sargnagel mit 28,5 Milligramm Teer.[4] Das ist fast so viel krebserzeugender Unrat wie man etwa 1955 aus einer filterlosen Camel ziehen konnte.

Dies alles soll jedoch nicht besagen, daß Raucher ebenso gut filterlose Camels rauchen könnten. Epidemiologische Studien zeigen klare Rückgänge von Lungenkrebs bei Rauchern, die vor Jahren auf Filterzigaretten umgestiegen sind, die weniger Nikotin und Teer abgeben. Chronische Lungenkrankheiten wie Emphyseme *könnten* durch das Rauchen solcher Zigaretten zurückgehen. Herzkrankheiten sind jedoch eine andere Sache. Es gibt keine Beweise dafür, daß das Risiko eines Herzanfalls bei Rauchern von „leichten" Zigaretten geringer ist.[5] (Einer der vermutlichen Auslöser von Herzkrankheiten ist das Kohlenmonoxid, das leichte Zigaretten nur geringfügig reduzieren.) Alles in allem *könnten* jedoch Menschen die eingenommene Giftmenge verringern, indem sie einfach Zigaretten mit niedrigen Teer- und Nikotinwerten rauchen, obwohl dies einem Selbstbetrug gleichkommt, weil ein großer Teil der Prozesse, die den Konsum steuern, unbewußt abläuft. Bedenkt man aber das Gesamtrisiko, so fahren Raucher mit diesen niedrig eingestuften Zigaretten sicher besser, wenn sie schon nicht ganz mit dem Rauchen aufhören können.

ständetypische Vorurteile getrübt ist? Wie wäre es, wenn wir Affen, Ratten und Hunde befragten? Sie haben nicht nur keine Meinung zu dieser Frage, sondern wurden wahrscheinlich auch nie von einer Marlboro-Anzeige oder einer Virginia Slims-Reklame beeinflußt.

Inwiefern können wir von Tieren Aufklärung erwarten? Zunächst werden wir prüfen, ob sie bereit sind, für die vermutlich suchterzeugende Droge im Tabak, das Nikotin, *etwas zu tun*. Sie brauchen nicht allzu viel dafür zu tun, sondern müssen nur einen Hebel drücken, um an das Nikotin zu kommen. Wenn sie den Hebel wiederholt und häufig betätigen, haben wir guten Grund anzunehmen, daß sie einen Nutzen daraus ziehen. Wissenschaftlich ausgedrückt, *verstärkt* das Nikotin dann ihr Verhalten. Es motiviert sie dazu, etwas zu tun – einen Hebel zu drücken –, das sie unter normalen Umständen nicht tun würden. (Mir kommen diese Tests stets wie ein Spiegelbild der menschlichen Situation vor. Wozu sind Menschen bereit, um an ihre Drogen zu kommen? Werden sie einen Umweg von zwei Häuserblocks machen, obwohl sie wegen einer Verabredung bereits in Eile sind, nur um sich eine Packung Zigaretten zu kaufen?)

Der König der verstärkenden Drogen in solchen Tests ist das Kokain. Wenn es Ratten uneingeschränkt zur Verfügung steht (durch intravenöse Injektionen), drücken sie den Hebel und vergessen Nahrung und alles andere, bis sie sterben. Auch Menschen zeigen in dieser Situation eine starke Vorliebe für Kokain. (Gegenüber Koffein sind Tiere und Menschen dabei oft gleichgültig, gegenüber LSD zeigen sie sogar eine Abneigung – und die ist so ausgeprägt, daß man die *Dysphorie*-Skala bei Drogentests auch als LSD-Skala bezeichnet. Wenn man Ihnen also erzählen will, LSD mache süchtig, können Sie nun entgegnen, dies sei höchst unwahrscheinlich.)

Schon die ersten Nikotintests im Jahre 1967 machten deutlich, daß Tiere bereit sind, einen Hebel zu drücken, um an die Dinge zu gelangen, aber sie taten dies so selten, daß sie die Ansicht vom Nikotin als Verstärker in Frage stellten. 1981 entdeckte dann Steven Goldberg vom National Institute on Drug Abuse (NIDA), daß er das Nikotin lediglich nach einem etwas komplizierteren Schema bereitstellen mußte, um zu sehen, daß es als recht guter Verstärker wirkte.[6] Zwar erbrachte es weniger gute Resultate als das Kokain, doch war es eindeutig den verstärkenden Drogen zuzurechnen. Als Goldberg nämlich das Nikotin nur ab und zu anbot und manchmal ein kleines Licht aufblitzen ließ, wenn es verfügbar war, zeigte sich, daß Totenkopfäffchen bis zu 250mal den Hebel drückten, um eine einzige Injektion zu bekommen.

Das Goldberg-Experiment stellte den Auftakt einer umfassenden Reihe von Untersuchungen zum suchterzeugenden Potential des Nikotins dar; sie wurden in den achtziger Jahren unter der Leitung von Goldberg und Jack Henningfield am Addiction Research Center (ARC) der NIDA in Baltimore durchgeführt.*

Die Forscher untersuchten, ob sich Goldbergs Ergebnisse an Tieren auch auf den Menschen übertragen ließen. Sie legten einigen Freiwilligen – allesamt Zigarettenraucher – eine Infusion an; die Probanden mußten jeweils drei Stunden lang auf einem Stuhl sitzen, konnten Radio hören und bekamen Zeitschriften zum Lesen. Neben ihnen stand eine Maschine mit zwei Hebeln; einer davon war funktionslos, doch der andere stellte auf Druck entweder Nikotin oder eine Salzlösung zur Verfügung. Wenn Nikotin gespendet wurde, drückten die Versuchspersonen den Hebel in schönen, regelmäßigen Intervallen. Bei einer bestimmten Dosishöhe pro Injektion drückten sie in jeder der dreistündigen Sitzung den Hebel etwa mit derselben Häufigkeit. Wurde aber die Dosis erhöht – erhielten sie also pro Injektion mehr Nikotin –, betätigten sie den Hebel seltener. Daß sie nicht einfach daran interessiert waren, einen Hebel zu drücken oder eine Flüssigkeit injiziert zu bekommen, beweist ihr Verhalten, wenn (ohne ihr Wissen) die Nikotin- durch eine Salzlösung ersetzt wurde: Der Hebel wurde unregelmäßig und unvorhersagbar und im Verlauf der Sitzung immer seltener gedrückt.[7] Wenn man nicht bekommt, was man möchte, hört man auf, dafür zu arbeiten.

Einen Teil der Arbeit der ARC-Forscher könnte man mit Expertenbefragung überschreiben. So, wie man einem Weinkenner die Augen verbinden und ihn über das Bouquet eines 1979er Pinot Noir befragen kann, suchten sich die ARC-Forscher Drogenexperten – Menschen, die Heroin, Amphetamine oder andere Drogen nahmen –, um herauszufinden, ob ihnen a) das Nikotin irgendeinen Nutzen brachte und b) welcher anderen Droge es ihrem Gefühl nach glich. Diese Männer erhielten eine ganze Reihe von Drogen, von vertrautem (Morphium) bis zu exotischen (Zomepirac), und ihre Reaktionen wurden mittels einer vom RAC entwickelten „Beliebtheitsskala“ eingestuft. Weder die Forscher noch die Versuchspersonen wußten,

* Daß diese Arbeit überhaupt begonnen werden konnte, war zum großen Teil den Bemühungen von Joseph Califano zu verdanken, dem ersten Sekretär des Department of Health, Education and Welfare unter Jimmy Carter. Califano nahm in Bezug auf die gesundheitlichen Folgen des Tabaks kein Blatt vor den Mund; infolgedessen war er ein rotes Tuch für die Tabakindustrie und erhielt schließlich seine Kündigung. Seine Haltung zum Tabak bewirkte jedoch, daß der NIDA Geld zur Verfügung gestellt werden konnte, um die Rolle des Nikotins als Droge zu erforschen.

welche Droge zu einer bestimmten Zeit verabreicht wurde, und die Drogenveteranen reagierten auf Nikotin in derselben Weise wie auf Morphium oder Amphetamine: Sie mochten es sehr, und je mehr sie davon bekamen, umso angenehmer empfanden sie es. Und für welche Droge hielten sie es am häufigsten? Für Kokain.[8]

Suchterzeugende Drogen rufen in aller Regel Entzugserscheinungen hervor, die wir ganz allgemein als einen negativen Zustand definieren können, der durch die nicht erfolgte Einnahme einer Droge hervorgerufen wird. (Literarisch ausgedrückt: Was einmal Laster waren, sind nun Notwendigkeiten.) Wir haben bereits gesehen, daß Raucher bei bestimmten Aufgaben schlechter abschneiden, wenn sie eine Zeitlang kein Nikotin zu sich nehmen durften. Gibt es aber einen allgemeinen, voraussagbaren Symptomkomplex (Syndrom) bei Nikotinentzugserscheinungen? Bedenkt man die Allgegenwart des Tabaks und seine verheerenden gesundheitlichen Folgen, ist es vielleicht überraschend, daß wir auf diese Frage bis vor kurzem noch keine eindeutige Antwort besaßen. Die Symptome bei Heroinentzug sind seit den vierziger Jahren gut dokumentiert, die bei Alkoholentzug seit den fünfziger Jahren, doch fast 20 Jahre lagen zwischen dem ersten Surgeon General's Report über das Rauchen (1964) und einer umfassenden Reihe von Untersuchungen zum Nikotinentzug, die Dorothy Hatsukami und John Hughes mit ihren Mitarbeitern an der University of Minnesota durchführten.

Sie nahmen eine Gruppe von Rauchern stationär in die Forschungsräume einer Klinik auf und nahmen ihnen in den drei Tagen, bevor sie das Nikotin absetzten, und in den ersten vier Tagen danach rund um die Uhr Messungen vor.[9] Die Personen wurden von Kopf bis Fuß untersucht: Ihre vitalen Funktionen wurden registriert, die Schlafunterbrechungen notiert, sogar ihre körperliche Aktivität wurde mit Hilfe von Monitoren, die sie um den Leib trugen, festgehalten. Die Forscher zogen sowohl objektive Meßdaten (Handzittern, Herzschlagfrequenz) als auch subjektive Berichte (wie deprimiert oder nervös sich die Personen fühlten) heran. Im Anschluß an diese Untersuchung führten Hatsukami und Hughes dann ganz ähnliche Messungen an Rauchern durch, die sich das Rauchen abzugewöhnen versuchten.[10]

Aufgrund dieser Studien konnten die Forscher eine kurze Liste von Entzugssymptomen aufstellen: Schlafsstörungen, zunehmende Verwirrtheit, ein erhöhtes Bedürfnis nach Tabak, vermehrte Nahrungsaufnahme und verminderte Herzschlagfrequenz.[11] Wenn wir nur die Untersuchung unter klinischen Bedingungen betrachten, können wir alle diese Symptome, zuzüglich einer Gewichtszunahme sowie einer erhöhten Neigung zu Depression und Niedergeschlagenheit, bei den subjektiven Stimmungszuständen beobachten. Wenn wir nur die Studie unter Alltagsbedingungen betrachten, zeigen sich auch eine gesteigerte Gereiztheit und Feindseligkeit, eine größere Anspannung und Ängstlichkeit; insgesamt gab es in dieser Gruppe mehr Veränderungen, was aus Gründen, die wir später noch besprechen werden, nicht überraschend ist.

Was aber verbirgt sich hinter diesen trockenen klinischen Begriffen tatsächlich? Wie Hatsukami und Hughes feststellten, waren die Versuchspersonen während des Entzugs etwa so belastet wie ein durchschnittlicher ambulant betreuter *Psychiatriepatient.*[12]

Das klingt ziemlich einleuchtend: Verwirrung, Verlangen, Depression, Feindseligkeit. Kein körperlicher oder seelischer Zusammenbruch wie beim Heroinentzug, aber auch bei weitem kein Normalzustand. Wieviele Ex-Raucher erleben diese Symptome? Das ist schwer zu sagen; die meisten Patienten der ambulanten Studie sagten, daß sie an fünf oder mehr Symptomen litten, doch vielleicht ein Viertel aller Versuchspersonen, die sich das Rauchen abzugewöhnen versuchen, geben überhaupt keine Entzugssymptome an.[13] Ich vermute, daß hier eine Standardverteilung zugrundeliegt: Eine Minderheit der ehemaligen Raucher hat keine Probleme, die Mehrheit hat relativ große Schwierigkeiten, und eine weitere Minderheit befindet sich in einer ausgesprochen elenden Verfassung.

Wie lange hält dies an? Man ist sich grundsätzlich darüber einig, daß das Einsetzen von Entzugserscheinungen eine Frage von Stunden ist, und daß innerhalb von zwei oder drei Tagen der Gipfelpunkt erreicht wird. Danach bessern sich Symptome wie Fahrigkeit, Ängstlichkeit und Schlafstörungen wieder.

Ich glaube, die meisten Menschen halten die Entzugserscheinungen für das schwarze Ungeheuer, das sich im Herzen der Drogensucht eingenistet hat, ob es sich nun um Heroin, Kokain oder Zigaretten handelt. Sie werden als der von allem losgelöste, wichtigste Grund angesehen, warum Menschen nicht von Drogen lassen können. Doch kommt den Entzugserscheinungen – der kurzzeitigen Strafe dafür, daß man keine Droge mehr nimmt – im Rahmen des Suchtverhaltens wirklich ein so hoher Stellenwert zu?

Die Entzugssymptome mögen nach einigen Tagen abklingen, doch es ist eine falsche Morgenröte, die den bekehrten Raucher rund eine Woche nach der letzten Zigarette begrüßt, denn nun beginnt das subtilere – und deshalb heimtückischere – Symptom der „verlängerten Abstinenz". In der wissenschaftlichen Literatur finden sich Berichte von Ex-Rauchern, die bis zu neun Jahre nach der Entwöhnung immer wieder in unregelmäßigen Abständen das intensive Bedürfnis verspürten zu rauchen; ich vermute, daß dieser Wunsch bei manchen Menschen ein Leben lang bestehen bleibt.

Wie Untersuchungen zu Langzeiterfolgen bestätigen, stellt die verlängerte Abstinenz für ehemalige Raucher ein viel größeres Minenfeld dar als der unmittelbare Entzug. Kliniken, in denen ein Nikotinentzug durchgeführt wird, haben bislang durchschnittlich 60 bis 80 Prozent ihrer Patienten während der wenigen Tage oder Wochen der Behandlung erfolgreich vom Rauchen entwöhnt.[14] Dann aber beginnt der Absturz: In den ersten drei Monaten nach der Therapie werden bereits 65 Prozent der Bekehrten wieder rauchen, und nach einem Jahr 75 Prozent. In diesem Zusammenhang ist interessant, daß die Rückfallquote sowohl bei Heroinsüchtigen als auch bei Alkoholikern genauso hoch ist.[15]*

Die *Monate* nach dem Entzug stellen also für eine große Zahl von Ex-Rauchern die eigentliche Durststrecke dar, und darin können wir, glaube ich, das wahre, deprimierende Dilemma erkennen, das mit dieser Art von Drogensucht einhergeht. Verlängerte Abstinenz ist das periodisch auftretende Zupfen am Ärmel, das Gefühl in der Brust, das Wispern im Ohr, das sagt, wie gut es täte, wenigstens eine einzige Zigarette zu rauchen. Doch diese eine Zigarette bedeutet für viele Raucher, daß sie verloren sind, daß sie wieder ins Leben auf der anderen Seite zurückgestoßen werden, zurück in den endlosen Kreislauf von Bedürfnis und Befriedigung, in dem sie nur für jeweils vierzig Minuten ungehindert leben; dann müssen sie wieder zu Mutter Nikotin zurückkehren, um die Erlaubnis zu erhalten, sie selbst zu sein. Ohne diese Unterwerfung beginnen sich beim Raucher leichte Persönlichkeitsveränderungen zu zeigen: Sie sehnen sich nach ihrem Aufseher, sind gereizt, feindselig, deprimiert und konfus.

---

* Diese Ergebnisse sind sicherlich anfechtbar, weil sie in den meisten Fällen auf Stichproben bei Personen beruhen, die lediglich einen einzigen Versuch unternahmen, von der einen oder anderen Droge loszukommen, und außerdem zu diesem Zwecke eine Klinik aufgesucht hatten. Wie wir wissen, befreien sich die meisten Raucher ohne fremde Hilfe von ihrer Sucht – fast immer nachdem sie eine Zeitlang zwischen Raucher und Nichtraucher gependelt haben. Stanley Schachter kam bei zwei von ihm untersuchten Gruppen zu dem Ergebnis, daß es etwa 64 Prozent gelang, das Rauchen aufzugeben, manchmal brauchten sie dazu mehrere Anläufe. Nach M. A. H. Russell gelingt es jedoch nur 35 Prozent der Gewohnheitsraucher, das Rauchen vor Vollendung des sechzigsten Lebensjahres dauerhaft aufzugeben, auch wenn die meisten das noch so sehr wollten.[16]

8

Im Inneren der Blackbox

Eine Reihe von Befunden hat uns gezeigt, daß sich das Zigarettenrauchen nicht allzu sehr von anderen Formen des Drogenkonsums unterscheidet. Es wird regelmäßig vollzogen, es ist beherrschend, es hat sein eigenes Entzugssyndrom und so weiter. Dieses Wissen vermittelt uns eine gute Vorstellung davon, was es bedeutet, vom Nikotin abhängig zu sein und dann den Versuch zu unternehmen, davon loszukommen. Doch wie viel sagt uns das wirklich? Die Feststellung, *daß* Entzugserscheinungen auftreten, erklärt noch nicht, *warum* sie auftreten. In den Experimenten, die wir bisher besprochen haben, waren die Menschen wie die geheimnisvolle „Blackbox“: Auf der einen Seite steckt man bestimmte Substanzen wie Nikotin hinein, und auf der anderen Seite kommen bestimmte Auswirkungen wie Süchtigkeit und Entzugssymptome heraus. Doch was spielt sich im Inneren der Box ab?

Es gibt eine Million äußerer Faktoren, die das Rauchen oder den Gebrauch einer anderen suchterzeugenden Droge beeinflussen. Wir wollen diese Dinge jedoch für den Augenblick beiseite lassen und uns auf das Innere der Box konzentrieren: Wir wollen sehen, was wir über die biologischen Grundlagen des Suchtverhaltens wissen, und uns dabei zuerst mit den Entzugserscheinungen befassen.

Wie ein roter Faden zieht sich durch die meisten Theorien zum Drogenentzug die Ansicht, daß der Körper bleiben will, wie er ist; er wird sich infolgedessen ändern, um derselbe bleiben zu können, wenn er durch eine Droge chronisch in eine neue Richtung gedrängt wird. Der Körper läßt sich mit einem Haus vergleichen, in dem es durch die

Januarwinde immer kälter zu werden droht; der Thermostat im Haus arbeitet diesem äußeren Einfluß entgegen, damit die Verhältnisse im Haus unverändert bleiben. Unser Körper verfügt gewissermaßen über eine Vielzahl kleiner Thermostate, die dem äußeren Einfluß von Drogen entgegenwirken.

Dieses Phänomen wird durch das pharmakologische Konzept der *Toleranz* beschrieben, wobei dieser Ausdruck, der normalerweise eine Tugend im zwischenmenschlichen Umgang bezeichnet, in der Biologie eine etwas andere Bedeutung hat. Pharmakologische Toleranz bedeutet, daß man immer mehr von einer bestimmten Droge nehmen muß, um dieselbe Wirkung zu erreichen. Das Paradebeispiel hierfür ist der Heroinkonsum: Einsteiger brauchen nur wenig davon, um sich „high" zu fühlen. Mit der Zeit benötigen sie eine höhere Dosis, um genau dieselbe Wirkung zu erzielen; und schließlich brauchen sie noch mehr Stoff, nur um den Entzugserscheinungen zu entgehen. (Es gibt wahrscheinlich absolut triftige evolutionäre Gründe, warum der Körper auf diese Weise auf Drogen reagiert, doch ich ziehe eine metaphysische Erklärung vor: Das Universum ist seinem innersten Wesen nach puritanisch; es hat zwar nichts dagegen, daß wir high werden, doch es will nicht, daß dieser Zustand andauert.)

Das Nikotin hat seine eigenen Toleranzformen, und wie zu erwarten, verhält es sich mit seiner Toleranz komplizierter als im Falle der Opiate. Der bekannteste Toleranzeffekt des Nikotins besteht darin, daß Kindern nicht *immer wieder* vom Rauchen schlecht wird, nachdem sie einmal damit angefangen haben. Es gibt auch noch weitere Toleranzeffekte: Raucher sind sich dessen nicht bewußt, aber im Rahmen ihres Stoffwechsels werden Nikotin und andere Drogen schneller verarbeitet als dies bei Nichtrauchern der Fall ist. (Koffein gehört zu diesen Drogen, desgleichen Tranquilizer: Raucher brauchen bis zu 50 Prozent mehr Wirkstoff als Nichtraucher, um denselben Beruhigungsgrad zu erreichen.)[1]

Es gibt außerdem noch eine Art Kurzzeit-Toleranz, die *Tachyphylaxie* genannt wird und beim Rauchen jeden Tag wieder aufs neue auftritt. Erinnern Sie sich, daß die ersten Zigaretten des Tages den Puls von Rauchern beschleunigen, während die späteren ihn nicht mehr weiter erhöhen. Hier ist akute Toleranz am Werk, und ihre Auswirkung auf verschiedene Teile des Organismus erklärt vermutlich, warum so viele Raucher die erste Zigarette des Tages für die beste halten.

Der Effekt der Toleranz besteht darin, daß der Körper als Reaktion auf die chronische Anwesenheit seines fremden Gastes, der Droge, kompensatorische Aktivitäten einleitet. Wenn die Droge in eine Richtung arbeitet – im Falle der Opiate etwa in Richtung Sedierung –, so wirkt die kompensatorische Aktivität in die entgegengesetzte. Wir wollen dies anhand der Opiate veranschaulichen. Erinnern Sie sich daran, was wir über die Rezeptoren des Nervensystems gehört haben – die chemisch bedeutsamen Stellen am synaptischen Spalt, die als Tore für die Übertragung dienen. Es hat sich gezeigt, daß der Körper seine eigenen spezialisierten Rezeptoren für Opiate besitzt. Wie sich denken läßt, hat die Evolution diese Rezeptoren beim Menschen nicht hervorgebracht, damit er das Morphium verarbeiten kann, das in Mohnpflanzen erzeugt wird. (Das wäre fast so, als hätte die Evolution ein spezielles Verdauungsenzym für Pizza entwickelt.) Diese Rezeptoren wurden vielmehr für die *internen* Morphine des Körpers geschaffen – für die *Endorphine*. Neurotransmitter sind an der Regulation einer beträchtlichen Zahl von Körperfunktionen beteiligt. Zufällig ist das Heroin den Endorphinen chemisch so ähnlich, daß ihm Einlaß gewährt wird, wenn es an die Türe der Opiatrezeptoren klopft.

Wenn ein Mensch seinen Körper mit externen Opiaten überschwemmt, verringert der Organismus die Anzahl dieser Rezeptorstellen. So kommt ein Teufelskreis in Gang: Mehr Heroin führt zu weniger Rezeptoren, und das macht noch *mehr* Heroin erforderlich, um dieselbe Wirkung zu erzielen. Gleichzeitig werden die erregenden Mechanismen des Süchtigen überaktiv, weil sie versuchen, die beruhigenden Auswirkungen dieses Fremdlings auf den Körper zu überwinden. Eventuell drosselt der Körper auch seine Endorphinproduktion, wenn er von externen Opiaten überschwemmt wird.

Nehmen wir an, daß mitten in diesem ganzen Prozeß die Heroinversorgung des Süchtigen plötzlich und vollständig unterbrochen wird. *Nun* steckt er in der Klemme! Seine neuerdings kraftvollen erregenden Mechanismen laufen auf Hochtouren, ohne daß ihnen eine sedierende Droge entgegenwirkt, und es sind weniger Opiatrezeptoren vorhanden, die für die natürlichen Sedative des Körpers – die Endorphine – zur Verfügung stehen (die inzwischen vielleicht sowieso in verringerter Menge ausgeschüttet werden). Was ist die Folge? Schlaflosigkeit, Herzklopfen, Schweißausbrüche, Angst – Entzugserscheinungen, die genau zum Gegenteil des sedierten Zustands führen, den unser Süchtiger die ganze Zeit erreichen wollte. Tatsächlich gibt es ein noch deutlicheres Beispiel für dieses Syndrom: Heroinsüchtige leiden an Verstopfung, während sie beim Entzug Durchfall haben.

Ein ähnlicher Prozeß ist beim Nikotin zu beobachten. Chronische Nikotininfusionen führen zur verstärkten Bildung von Nikotinrezeptoren, doch vermutlich auch zu einer Abnahme der Gesamtanzahl der

Rezeptoren, die tatsächlich arbeiten. Darüber hinaus paßt der Nikotinentzug zu unserer Theorie der kompensatorischen Prozesse. Welche Art von Entzugserscheinungen sind bei einer Droge wie Nikotin zu erwarten, die sowohl dämpfende als auch anregende Eigenschaften hat? Denken Sie an die Ergebnisse von Hatsukami und Hughes: Man findet einerseits verstärkte Angstgefühle und Schlaflosigkeit, was mit den Merkmalen beim Entzug einer sedierenden Droge übereinstimmen würde; andererseits zeigt sich eine verminderte Herzschlagfrequenz und eine gesteigerte Verwirrung – charakteristisch für Personen, denen eine stimulierende Droge entzogen wird; mit der gedämpften Gehirnaktivität, die Verner Knott bei seinen Messungen der Hirnströme feststellte, ist gleichfalls zu rechnen.

Der Entzug ist beim Drogenkonsum aber sicherlich nur ein Teilaspekt. Er ist, wenn Sie so wollen, die Peitsche zum Zuckerbrot, welches die Einnahme von Rauschmitteln auch zu bieten hat. Außerdem treten Entzugserscheinungen erst relativ spät auf. Menschen sind nicht gleich von Beginn an drogenabhängig; sie nehmen die Drogen anfangs, weil diese Substanzen etwas *für* sie tun. Wir haben bereits an einer Reihe von Beispielen gesehen, wie sich das Nikotin auf das menschliche Verhalten auswirken kann. Es scheint den Menschen zu erlauben, sich auf der Sedierungs-Stimulations-Skala nach oben oder unten zu bewegen. Es kann als Tranquilizer dienen; es kann die Konzentrationsfähigkeit des Rauchers verbessern und so weiter. Wir haben auch schon etwas über die biologischen Grundlagen dieser Effekte erfahren, zum Beispiel über die Fähigkeit des Nikotins, an die Stelle des natürlichen Neurotransmitters Acetylcholin zu treten.

Über einen Aspekt dieses Themenbereichs haben wir jedoch noch nicht gesprochen. Man könnte ihn als „Biologie der reinen Belohnung“ bezeichnen. Im Moment wird in der Pharmakologie eine Theorie heiß diskutiert, die davon ausgeht, daß bei unseren gefährlichsten Drogen nur ein einziger Neurotransmitter und ein einziger „Belohnungsweg“ beteiligt sind. Dutzende von Wissenschaftlern arbeiten an diesem Thema, doch der einflußreichste Verfechter dieser These – die aus der schon lange bestehenden Auffassung von „Belohnungszentren“ im Gehirn hervorging – ist ein kanadischer Forscher namens Roy Wise.

Der angesprochene Neurotransmitter ist dabei das Dopamin. Diese Substanz ist für Menschen von lebenswichtiger Bedeutung: Ein Mangel an Dopamin in einem bestimmten Gehirnbereich, dem sogenannten *Corpus striatum*, führt zum Parkinson-Syndrom. Das Dopamin, das zum Corpus striatum gelangt, wird tief in unserem „primitiven“ Mittelhirn hergestellt, und zwar in einem Bereich, der *Substantia nigra*[2] heißt. Es gibt jedoch zwei weitere wichtige dopmaninproduzierende Sektoren in dessen Nähe: den Hypothalamus und den sogenannten *ventralen tegmentalen Bereich* (Area tegmentalis ventralis). Letzterer interessiert uns hier.

Der ventrale tegmentale Bereich in unserem Mittelhirn sendet Nervenfasern ins Vorderhirn – das sogenannte *mediale Vorderhirnbündel*. In diesem Bündel, das sich mit einem Seil aus einzelnen Nervenfasersträngen vergleichen läßt, liegen vielleicht 50 verschiedene Nervenbahnen, darunter auch die Bahnen für Dopamin; die für unsere Zwecke wichtigste dieser Fasern verläuft zu einem Bereich, der *Nucleus accumbens* genannt wird. Das Dopamin wird also im ventralen tegmentalen Bereich erzeugt und gelangt durch das mediale Vorderhirnbündel zum Nucleus accumbens.

Laut Roy Wise ist diese Vorstellung folgendermaßen an den zur Drogenabhängigkeit führenden Mechanismen beteiligt.[3] Zum einen erhöhen sowohl Kokain als auch Amphetamine die Dopaminspiegel an den Synapsen im Nucleus accumbens, wenn sie dies auch auf leicht unterschiedliche Weise tun. Zum anderen sind Kokain und Amphetamine ohne diese Wirkung nicht mehr erstrebenswert. (Woher wissen wir das? Wenn man einem Tier eine chemische Substanz verabreicht, welche die Dopaminrezeptoren blockiert – eine Chemikalie, die sich vor die Dopamintüren stellt –, so sind Kokain und Amphetamine für das Tier nicht länger attraktiv. Die Tiere hören einfach auf, Hebel dafür zu betätigen.) Dasselbe kann man beobachten, wenn man nicht die Dopaminrezeptoren blockiert, sondern die Nervenfasern zerstört, die das Dopamin zum Nucleus accumbens transportieren.

Auch die Opiate fügen sich in dieses Bild ein. Heroin, Morphium und ähnliche Drogen bewirken gleichfalls, daß die Dopaminspiegel an den Synapsen des Nucleus accumbens ansteigen: Sie veranlassen die Dopaminzellen, häufiger zu feuern. Ferner sind der ventrale tegmentale Bereich (der Dopamingenerator) und der Nucleus accumbens beim Gebrauch von Opiaten bedeutsam: Blockiert man die Opiatrezeptoren im ventralen tegmentalen Bereich, nimmt die Attraktivität von intravenös verabreichtem Heroin ab.

Wie steht es damit beim Nikotin? Untersuchungen mehrerer Forscherteams haben gezeigt, daß das Nikotin eine Freisetzung von Dopamin genau in der oben beschriebenen Weise bewirkt.[4] Ob allerdings, wie beim Tierversuch gesehen, der Organismus intakt sein muß, damit das Nikotin belohnend wirkt, wurde noch nicht untersucht. (Übrigens scheint auch Alkohol die Dopaminkonzentration im ventralen tegmentalen Bereich zu erhöhen.)

Entscheidend an Wises Argumentation ist, daß sich seine Idee nur damit beschäftigt, was diese verschiedenen Drogen *für* Menschen tun (man spricht in diesem Fall von positiver Verstärkung). Das Vermeiden von Entzugserscheinungen, wie wir es früher besprochen haben, aber bedeutet eine *negative* Verstärkung – Menschen nehmen Drogen, um zu verhindern, daß etwas *Unliebsames* auftritt (etwa Schlaflosigkeit, Angespanntheit oder Durchfall). Nach Wises Ansicht existiert die positive Verstärkung des Dopaminsystems getrennt von mehreren anderen Teilen des Gehirns, die für die negative Verstärkung zuständig zu sein scheinen.

Außerdem ist folgendes zu bedenken: Ebenso wie die Rezeptoren für Opiate nicht entstanden sind, um fremdes Morphium zu verarbeiten, entwickelte sich auch das Dopaminbelohnungssystem nicht, damit Menschen irgendwelche Drogen genießen können.

Roy Wise sieht das Dopaminsystem als verstärkendes System für natürliche Verhaltensweisen, die einen Überlebenswert besitzen. Wenn man die Freisetzung von Dopamin blockiert, arbeiten Tiere weniger für Nahrung und Wasser, auch wenn sie hungrig oder durstig sind. Wenn man andererseits Opiate in den ventralen tegmentalen Bereich oder den Nucleus accumbens injiziert, wird die Nahrungsaufnahme stimuliert. Von dieser Warte aus betrachtet, hat dieses System also die Funktion, uns zu sagen, wann wir die richtigen Dinge tun. Es ist körperlich gewordene Belohnung.

Doch was die Natur geplant hat, biegt sich der Mensch für seine eigenen Zwecke zurecht. Vor Jahrhunderten entdeckten die Inka, daß sie sich besser fühlten, wenn sie Kokablätter kauten. Nach der hier besprochenen These erlangten sie diese Befriedigung deshalb, weil sie auf diese Weise die Dopaminkonzentrationen in ihrem Mittelhirn erhöhen konnnten.

Vor 130 Jahren erlaubten dann die neuen, verbesserten Fähigkeiten auf dem Gebiet der organischen Chemie dem Menschen, den psychoaktiven Wirkstoff des Kokablattes in Form von reinem Kokain zu isolieren. Vor etwa sechs Jahren entdeckten einige amerikanische Unternehmer ein Verfahren zur Herstellung einer billigen, rauchbaren Form von Kokain, und die Crack-Seuche brach über uns herein.

Der Fortschritt läßt sich nicht aufhalten. Jede dieser Entdeckungen bereitete neue Wege, um immer größere und immer unnatürlichere Mengen von Dopamin in den Nucleus accumbens zu entlassen und auf diese Weise einer Droge jedes Fünkchen Belohnung abzuringen, das unser Körper zu geben imstande ist. Wise macht verständlich, warum Drogengewohnheiten so schwer zu brechen sind:

> »Wenn Drogen positive Verstärkermechanismen direkt und zentral aktivieren, erreichen sie möglicherweise eine viel größere Intensität, als sie Umweltstimuli wie Nahrung, Wasser oder die verstärkende Schönheit der Natur, Kunst oder Musik je erbringen können. Während Signale natürlicher Verstärker von sensorischen Übertragungssystemen und der Weiterleitung von Nervenimpulsen über Axone und synaptische Verbindungsstellen abhängen, können Drogen Verstärkermechanismen auf zentrale Weise aktivieren und Rezeptormechanismen ausreizen, die infolge einer natürlichen Verstärkung vielleicht nie ausgereizt werden.«[5]

Damit kommem wir zu zwei abschließenden und weitreichenden Ideen, die aus Wises Hypothese hervorgehen. Die eine besagt, daß wir im Rahmen dieser Theorie eine vorläufige Antwort auf die oben gestellte Frage geben können: Warum ist das Problem bei Drogenabhängigkeit nicht so sehr, sich von der Droge zu befreien, als vielmehr davon frei zu bleiben? Es könnte sein, sagt Wise, daß wir, weil diese Substanzen so wirkungsvoll verstärken, einen Heißhunger danach entwickeln, ihre Wirkungen immer wieder zu erfahren – nur aufgrund unserer Erinnerung an sie:

> »Das Bedürfnis nach Kokain oder Heroin könnte, ebenso wie das Bedürfnis nach Nikotin bei einem Raucher, der schon seit vielen Jahren nikotinfrei lebt, einfach durch die Erinnerung an vergangene Erfahrungen ausgelöst werden. Wie eine Katze, die einmal Fisch geschmeckt hat, könnte ein Mensch, der einmal Erfahrung mit Kokain gemacht hat, sich weigern, die Hoffnung auf eine Wiederholung dieser Erfahrung aufzugeben.«[6]

Schließlich würde die Hypothese bezüglich des medialen Vorderhirnbündels, sollte sie auch nur teilweise richtig sein, erheblich dazu beitragen, einen der am besten dokumentierten und am wenigsten verstandenen Aspekte des Drogenkonsums zu erklären: den Konsum mehrerer Drogen. 90 Prozent aller Alkoholiker rauchen, und der Prozentsatz von Opiatsüchtigen, die gleichzeitig Raucher sind, könnte sogar noch darüber liegen; eine erschreckend hohe Anzahl Heroinabhängiger hat Alkoholprobleme. Im allgemeinen ist das Risiko sehr hoch, daß Menschen, die eine Droge nehmen, auch mehrere nehmen. Träfe die Dopaminhypothese zu, wäre dies verständlich, denn alle diese Drogen verwenden dieselben neuralen Schaltkreise und erzeugen – wenigstens annähernd – dieselbe Wirkung. Um dies mit Worten auszudrücken, die ein vorsichtiger Wissenschaftler nie benutzen würde: Sie rufen bis zu einem gewissen Grad *dasselbe Hochgefühl* hervor.

In diesem Zusammenhang ist ein weiteres Ergebnis interessant, auf das Wise hingewiesen hat. Das erlernte Verhalten von Tieren – die gelernt haben, einen Hebel zu betätigen, um an Kokain zu kommen – kann wieder „gelöscht" werden, indem man die Injektionsflasche mit einer Salzlösung füllt. (Nach einer Weile registrieren die Tiere die veränderten Bedingungen und verlieren das Interesse an der Substanz, die durch den Schlauch kommt.) Das Hebeldrücken kann jedoch wieder etabliert werden, wenn man diesen Tieren *Morphium* in den ventralen tegmentalen Bereich injiziert. Sie fangen wieder an, den Hebel zu betätigen, gerade so, als hätten sie einen Schuß Kokain erhalten, von dem sie abhängig gewesen waren. Das legt den Schluß nahe, daß Konsumenten einer derartigen Droge sich der Gefahr aussetzen, hinsichtlich einer anderen Droge, die sie früher genommen haben, wieder rückfällig zu werden. Unter diesem Gesichtspunkt hat es der *rauchende* Ex-Alkoholiker noch schwerer trocken zu bleiben.

Inwieweit sollen wir der Dopaminhypothese Glauben schenken? Unter den Drogenforschern scheint wachsende Übereinstimmung zu herrschen, daß das Dopamin und das mediale Vorderhirnbündel an allen Drogenabhängigkeiten, über die wir gesprochen haben, beteiligt sind. Was das vieldeutige Wort „beteiligt" jedoch genau meint, ist allerdings bis jetzt noch unklar. Angesichts der erschreckenden Komplexität des Gehirns und der zur Debatte stehenden Drogen sind viele Forscher der Ansicht gegenüber extrem skeptisch, daß sich irgendein einzelnes System zumindest teilweise als verantwortlich für unsere schlimmsten Drogenabhängigkeiten erweisen wird. Eine Vielzahl von Einwänden läßt sich gegen Wises Hypothese vorbringen; jede Theorie, die derart umfassend und kühn wie diese ist, wird zwangsläufig Kritiker anziehen, und Wise hat ganz sicher einige davon.

Ich habe diese Theorie nicht deshalb so genau besprochen, weil ich glaube, daß sie wahr ist – obwohl sie es sein könnte –, sondern weil sie meines Wissens den bisher überzeugendsten Versuch darstellt, eine große Zahl ganz verschiedener Forschungsergebnisse in eine zusammenhängende Theorie zur Biologie der Belohnung beim Drogenmißbrauch einzugliedern. Dies ist an sich schon eine ziemlich vielversprechende Leistung, denn es muß erst eine gewisse kritische Masse an Rohinformation vorhanden sein, ehe solche Theorien entstehen können. Einmal geschaffen, dienen sie dann als organisierende Prinzipien, die anhand weiterer Forschungsarbeiten überprüft werden können. Wises Theorie ist somit ein Beispiel für etwas, von dem wir hoffentlich in Zukunft noch mehr hören werden: überprüfbare Hypothesen zur Erklärung der Drogenabhängigkeit auf biologischer Ebene. Forschungsarbeit zu diesem Thema ist nicht nur in akademischer Hinsicht wichtig. Wie wir später sehen werden, könnte diese Arbeit großen Einfluß darauf haben, wie wir als Gesellschaft dem Drogenmißbrauch begegnen.

9
Gib mir den Stoff

Seit geraumer Zeit haben wir uns nun mit dem Nachweis beschäftigt, daß sich der Nikotinkonsum in mancherlei Hinsicht nicht sehr vom Gebrauch anderer suchterzeugender Drogen unterscheidet. Dies teilte im Mai 1988 C. Everett Koop, der Surgeon General der Vereinigten Staaten, dem amerikanischen Volk mit, als er den 20sten Nationenbericht über die gesundheitlichen Folgen des Rauchens freigab. Weil solche Verlautbarungen jedoch auf langweilige Details verzichten müssen, hat die Form, in der die Amerikaner diese Neuigkeit empfingen („Koop an Nation: Zigaretten so suchterzeugend wie Heroin"), bei den meisten wohl eine gewisse Skepsis hinterlassen . Schließlich waren die Raucher in ihrem Umfeld in keiner Weise mit den Drogensüchtigen zu vergleichen, deren Bilder sie im Fernsehen gesehen hatten. Wie konnte das also wahr sein? Damals war der Kampf gegen das Kokain in vollem Gange, und sogar der scharfsinnige Robert MacNeil, der Koop zu dem Bericht interviewte, zeigte sich ungläubig, als der Surgeon General ausführte, das Nikotin beherrsche Raucher in ganz ähnlicher Weise wie das Heroin die Heroinsüchtigen.

Wir jedoch haben Gründe besprochen, die vom Suchtverhalten bis zu den biologischen Grundlagen reichen und die Koops Aussagen stützen. Eine weitere Beobachtung könnte helfen, das Bild abzurunden. Bedenkt man die extremen Handlungen, zu denen das Bedürfnis nach Drogen Menschen treiben kann, so ist der größte Unterschied zwischen dem Nikotin und anderen suchterzeugenden Drogen wohl der, daß das Nikotin legal erhältlich ist und die anderen nicht.* Dank der legalen

Herstellung kostet eine Zigarette in den Vereinigten Staaten weniger als zehn Cent, während die Menge Kokain, die etwa die gleiche Zeit wirkt, das Hundertfache kosten kann. Wenn man also 200 Dollar am Tag für Kokain ausgibt und nicht gerade vermögend ist, ist man gezwungen, im Elend zu leben, Mitmenschen zu berauben oder zu tun, was immer sonst nötig ist, um diese Droge seinem Körper zuzuführen. Eine Nikotinabhängigkeit kann sich dagegen schon ein Arbeiter mit Mindestlohn leisten.

Dennoch hat es Zeiten in der Geschichte gegeben, in denen das Vehikel für Nikotin – der Tabak – nicht zur Verfügung stand, beziehungsweise nur unter äußerst extremen finanziellen oder menschlichen Opfern zu haben war. In diesen seltenen Fällen sehen wir, was geschähe, wenn das Nikotin ebenso wie das Heroin Schmuggelware und daher ein knappes und teures Gut wäre. Wir beginnen mit Robert Hughes' Bericht über das Leben von Gefangenen der Strafkolonie, die Australien im frühen 19. Jahrhundert darstellte. Zugegeben, das Leben war dort viel weniger wert als zu den meisten anderen Zeiten und an anderen Orten; dennoch ist Hughes' Bericht erstaunlich:

> »Eine Gruppe Gefangener wurde im Gänsemarsch durch den Wald geführt, als einer von ihnen ohne Provokation und ohne Vorwarnung dem Gefangenen vor sich mit der Axt den Schädel einschlug. Später erklärte er, daß in der ganzen Siedlung kein Tabak zu haben sei. Er sei sein Leben lang ein Raucher gewesen und würde lieber sterben, als ohne Tabak zu leben; folglich habe er unter den Qualen des Nikotinentzugs den Mann getötet, um selbst gehängt zu werden.«[1]

In Kriegszeiten traten viele krasse Fälle von Tabakknappheit auf. In einem Rückblick auf seine Erfahrungen im Zweiten Weltkrieg schrieb Mr. N. A. Photiades 1957 an die Londoner *Times*, um seine Zweifel am Wert von Regierungsmaßnahmen auszudrücken, die den Leuten das

---

* Ich glaube, daß zu Beginn dieses Jahrhunderts das Nikotin hauptsächlich deshalb legal geblieben ist – während andere Drogen unter staatliche Aufsicht gestellt wurden –, weil Menschen unter Nikotineinfluß trotzdem noch arbeiten konnten, während andere Drogen die Arbeitsfähigkeit schwächten. (Hier wartet eine marxistische Kritik darauf, von jemandem entwickelt zu werden.) Die andere rettende Tugend des Nikotins ist jedoch, daß die mit Tabak verbundene „Toleranz" nicht so extrem ist wie beispielsweise die von Opiaten. Raucher neigen dazu, in den ersten Jahren des Rauchens ihren Verbrauch zu steigern, sind aber normalerweise in der Lage, sich bei etwa 20 Zigaretten pro Tag einzupendeln. Dies steht im Gegensatz zu dem Bild, das manche – aber keinesfalls alle – Heroinabhängige abgeben: Um dieselbe Wirkung zu erreichen, muß man den Verbrauch ständig steigern, und dann folgt der schreckliche Zusammenbruch.

Rauchen ausreden sollten. Dies geschah wenige Tage nachdem der Medical Research Council in England das Zigarettenrauchen als eine der Hauptursachen für Lungenkrebs gebrandmarkt hatte.

> »Ich hatte das Pech, während des Krieges fast vier Jahre lang Gefangener zu sein, und machte die Erfahrung, daß das einzige, was Männer nicht aufgeben konnten, das Zigarettenrauchen war. Tatsächlich existierte ein sehr lebhafter Markt, auf dem man die Handvoll Reis, die wir täglich erhielten, für die zwei Zigaretten eintauschen konnte, die uns unsere Gastgeber liebenswürdigerweise zur Verfügung stellten. Ich habe tatsächlich Männer an Hunger sterben sehen, weil sie ihr Essen für Zigaretten verkauft hatten. Wenn Menschen unter solchen Umständen das Rauchen nicht aufgeben können, ist es dann wahrscheinlich, daß wir es jetzt tun werden – mit vollen Taschen und Mägen?«[2]

Das vielleicht größte Massenbeispiel einer Tabakdeprivation ereignete sich in Deutschland nach dem Krieg, wo der Tabak so knapp war und so hohe Wertschätzung genoß, daß er schließlich zu einer Art Währung wurde. In jenen Tagen hing ein Schild über einer Toilette für amerikanische Soldaten: „Bitte keine Zigarettenkippen in die Toiletten werfen." Darunter war die Bemerkung hingekritzelt: „Sie werden feucht und sind nur noch schwer zu rauchen." Die ernste Seite dieser Situation geht aus einer Schilderung dieser Zeit hervor, die F. I. Arntzen 1948 zu Papier brachte:

> »Bis zu einem gewissen Punkt war es den meisten Gewohnheitsrauchern auch unter extremen Ernährungsbedingungen lieber, ohne Essen auszukommen, als den Tabak aufzugeben ... Von 300 befragten deutschen Zivilpersonen hatten 258 Tabak auf dem schwarzen Markt erstanden, 37 hatten Tabak und Lebensmittel gekauft, und nur fünf hatten sich Nahrungsmittel, aber keinen Tabak besorgt. Viele rauchende Hausfrauen tauschten Fett und Zucker gegen Tabak ein. Unter Mißachtung der persönlichen Würde, des üblichen Anstands und der ästhetisch-hygienischen Empfindungen wurden Zigarettenkippen von Menschen aus dem Straßenschmutz aufgelesen, die nach ihrer eigenen Aussage in jeder anderen Situation vor einem solchen Verhalten Abscheu empfunden hätten. Raucher ließen sich auch dazu herab, um Tabak zu betteln, nicht aber um andere Dinge.«[3]

Diese Liste ließe sich fortsetzen, doch ich glaube, die Sache ist klar: Wäre der Tabak illegal, würden wir mit ihm zusammen all die verkommenen Begleiterscheinungen der Drogenszene zu sehen bekommen, die wir mit „harten“ Drogen wie Heroin oder Kokain verbinden. Schon der bloße Gedanke an diese Möglichkeit ist ernüchternd, wenn man bedenkt, wie verbreitet das Rauchen ist. Es gibt schätzungsweise 500000 Heroinabhängige in Amerika, aber fast 50 Millionen Raucher.

10
Die Fesseln der Sucht

Im Vergleich zu anderen Drogen hat der Tabak während des größten Teiles dieses Jahrhunderts eine Sonderrolle eingenommen, weil er nicht nur legal war, sondern auch an Orten toleriert wurde, an denen der Genuß von Drogen oder auch nur der Konsum von Alkohol sehr unwahrscheinlich ist: am Arbeitsplatz, im Vorortszug, auf der Straße. Genau diese Rolle hat das Nikotin jedoch vermutlich in gewisser Weise zu einer Droge gemacht, von der man schwerer wieder loskommt als von den exotischeren suchterzeugenden Stoffen. Diese Behauptung ist vielleicht ein wenig schwer zu akzeptieren, wenn man an alkoholbedingte Exzesse oder an die geschilderten Agonien infolge des Heroinentzugs denkt; es gibt jedoch einige interessante Beweise für diese These, die unter die Überschrift „Frage die Experten" fallen.

In den siebziger Jahren sagten 278 Opiatabhängige, die sich zur Behandlung ihrer Sucht in einer Londoner Klinik befanden, der Tabak sei ihre „am dringendsten benötigte" Droge; er übertraf damit die großen Favoriten wie Heroin, Methadon und Alkohol.[1] In den späten achtziger Jahren stellten Lynn Kozlowski und seine Mitarbeiter an der Addiction Research Foundation in Toronto einer Gruppe ihrer Patienten folgende Frage: »Denken Sie an Ihr stärkstes Bedürfnis nach Zigaretten, und dann an Ihr stärkstes Bedürfnis nach Alkohol oder nach der Droge, wegen der Sie zur Behandlung hierher kamen. Welches Bedürfnis war stärker?« Etwa zwei Drittel der Patienten berichteten, daß ihr Bedürfnis nach Zigaretten genauso stark oder stärker war als ihr Bedürfnis nach Alkohol. In Bezug auf Heroin gaben etwa 20 Prozent an, daß ihr

Bedürfnis zu rauchen genauso intensiv oder noch intensiver war als das nach dem Opiat.[2]

Auch wenn man nur die niedrigeren Zahlen dieser Untersuchungen berücksichtigt, ist die Bedeutung enorm: 20 Prozent der Drogensüchtigen in der Toronto-Studie hatten ein stärkeres Bedürfnis nach der Allerweltsdroge Tabak als nach dem wahren Urbild eines Suchtmittels, dem Heroin.

Zumindest eine teilweise Erklärung für die Ursachen dieses Phänomens finden wir auf der Ebene der menschlichen Erfahrung und Konditionierung. Einfach ausgedrückt: Drogenabhängigkeit ist unlösbar mit dem Umfeld verknüpft, in dem die Drogen genommen werden. Der Drogenkonsum als Verhalten wird in dem Maße verstärkt, in dem er mit anderen Tätigkeiten gekoppelt ist, und keine Droge der Welt ist mit so vielen Aktivitäten gekoppelt wie der Tabak.

Wir befinden uns hier auf Pawlows Territorium, doch wir können ein etwas attraktiveres Beispiel als seinen Hund heranziehen, um unsere Aussage zu verdeutlichen. Eine Frau ist zum Essen in ein Restaurant eingeladen, das sie früher mit ihrem damaligen Freund oft besucht hat. Sie ist nun schon ein Jahr mit jemand anderem zusammen und hat seit Monaten weder an ihren früheren Freund noch an das Restaurant gedacht. Doch als sie sich wieder in dem Lokal befindet, mit seiner vertrauten Beleuchtung und seinen Gerüchen, löst dies ein starkes Gefühl des Verlusts in ihr aus; für einige Augenblicke vermißt sie ihren alten Freund, als hätte sie sich erst gestern von ihm getrennt.

Genauso verhält es sich mit Drogen. Die Bedeutung der Koppelung von Umfeld und Drogengebrauch ist auf viele Arten nachgewiesen worden, doch dieser Prozeß läßt sich an einigen Tierexperimenten besonders eindrücklich demonstrieren. Um nur ein Beispiel herauszugreifen: In den siebziger Jahren injizierten Harbans Lal und seine Mitarbeiter einer Gruppe Laborratten Morphium; bei jeder Injektion erklang gleichzeitig ein Ton. Nach einigen Tagen hatte *allein schon* der Ton die Macht, die körperlichen Anzeichen einer Drogeninjektion bei diesen Tieren auszulösen. (Der Ton erhöhte wie Morphium ihre rektale Temperatur. Dies ist vielleicht kein besonders überzeugendes Kennzeichen einer Drogeneuphorie, aber Laborratten sind leider nur schwer dazu zu bewegen, ihre Gefühle preiszugeben.) In einem anderen Experiment machten dieselben Forscher eine andere Gruppe Ratten süchtig und koppelten den Klang einer Glocke mit den Injektionen. Dann unterbrachen sie die Morphiumversorgung, ließen aber einige Tiere weiterhin den Glockenton hören. Das Ergebnis? Der Glockenton allein milderte die Schwere der Entzugserscheinungen dieser Tiere.[3]

Menschen sind gegenüber dieser Art von Verhaltenskonditionierung nicht immun. Ehemalige Drogenabhängige, die seit langem drogenfrei sind, fühlen sich, wie unsere Frau in dem Lokal, extrem unbehaglich, wenn sie an die Orte zurückkehren, an denen sie die Drogen genommen oder den Entzug durchgemacht haben.

Das Nikotin paßt perfekt in dieses Schema. Von entscheidender Bedeutung ist dabei, daß keine Droge so häufig eingenommen wird wie das Nikotin und keine Droge schneller wirkt. Unser Durchschnittsraucher „koppelt" seine Erfahrungen jährlich mit 70000 Nikotingaben, und das entspricht einer wahrhaft eindrucksvollen Anzahl möglicher Koppelungen auf der Verhaltensebene. Ferner ist es ein Axiom in der Psychologie, daß der Konditionierungseffekt um so stärker ist, je kürzer die Zeit zwischen einer Handlung einerseits und einer Reaktion andererseits ist. In diesem Fall ist die Handlung der Zug an der Zigarette, die Reaktion ist Stimulation, Beruhigung oder irgendein anderer von uns besprochener Vorgang, und die Zeitverzögerung beträgt acht Sekunden. Was immer sich während dieses Vorgangs mit einer gewissen Häufigkeit abspielt, wird mit der Sucht des Rauchers verbunden.

Doch was alles kann mit der Gewohnheit des Rauchens verknüpft werden? Zunächst sind da, um nur ein Beispiel zu nennen, die Zigaretten selbst, auch wenn sie nicht angezündet sind. Denken Sie daran, daß das Nikotin gewöhnlich den Wachheitsgrad steigert. Die Forscher Mangan und Golding fanden heraus, daß ähnliche Anstiege in den EEG-Messungen zu beobachten waren, wenn sie die Raucher einfach mit einer unangezündeten Zigarette „pseudorauchen" ließen, während eine andere in der Nähe in einem Aschenbecher brannte.[4] Bei Rauchern, die in ein Laboratorium gebracht und mit „Hinweisreizen" für das Rauchen konfrontiert werden, etwa dem Anblick eines Rauchers oder von Raucherutensilien, läßt sich ein Anstieg der Herzschlagfrequenz und des Blutdrucks nachweisen. Wahrscheinlich fällt es Rauchern um so schwerer, das Rauchen aufzugeben, je stärker ihre persönliche „Reaktivität auf Hinweisreize" ist.[5]

Dieses Phänomen erscheint in einem allgemeineren Zusammenhang, wenn wir uns nochmals die Untersuchungen zum Nikotinentzug von Hatsukami und Hughes ins Gedächtnis rufen. Wie wir gesehen haben, hatten die Raucher, die sich in ihrer gewohnten Umgebung das Rauchen abgewöhnten, signifikant *mehr* Entzugssymptome als die Raucher, die den Entzug in der isolierten Umgebung einer klinischen Forschungsstation durchmachten. Mit anderen Worten: Ein Entzug ist schlimmer, wenn er unsere täglichen Erfahrungen berührt.

Wie funktioniert das in der Praxis? Wir wollen uns einen Langzeitraucher vorstellen – sagen wir, einen Dichter wie W. H. Auden. Er steht morgens auf und raucht schnellstens die erste Zigarette des Tages, um wach zu werden. Nach dem Frühstück fängt er an zu schreiben und raucht eine weitere Zigarette, nur aufgrund seiner körperlicher Abhängigkeit. Die Gier zupft ihn am Ärmel, und er muß reagieren – oder er wird reizbar und nervös. Er raucht noch einige weitere Zigaretten, während er schreibt, weil er sich unter Nikotineinfluß besser konzentrieren kann. Um elf Uhr vormittags bekommt er dann einen Telefonanruf. Das Finanzamt will ihn zu seiner Reise nach Italien befragen. Er zündet sich noch am Telefon eine Zigarette an, um sich zu beruhigen.

Unser Dichter hat hier den Tabak auf viererlei Weise benutzt: Um munter zu werden, um seine Sucht zu befriedigen, um sich zu konzentrieren und um sich zu beruhigen. Und er hat ihn hauptsächlich in Routinesituationen eingesetzt. Mit anderen Worten: Das Rauchen wurde mit einigen grundlegenden Belangen seines Lebens gekoppelt. Das Netz, das der Tabak auswirft, kann also offensichtlich ziemlich groß sein, doch tatsächlich ist es noch weiter gespannt, als diese Beispiele vermuten lassen. Wie sie sich erinnern werden, raucht unser Dichter seine zweite Zigarette zur Befriedigung seiner Sucht, das heißt, er beginnt, sich unwohl zu fühlen, und weiß, daß es an der Zeit ist zu rauchen. Stellen Sie sich aber vor, es ist nun Nachmittag, und sein Körper verlangt *nicht* nach einer weiteren Nikotinration, doch ihn überkommt ein Unwohlsein, weil sich sein letztes Buch nicht gut verkauft. Wie wird er dieses Gefühl „interpretieren"? Durch Tausende von Koppelungen hat es die Bedeutung erlangt: Es ist Zeit, eine Zigarette zu rauchen. Das wird zwar den Verkauf des Buches nicht fördern, doch unser Raucher greift *reflexartig* nach dem Tabak, weil er konditioniert wurde, eine Verstimmung – egal welcher Art – mit dem Bedürfnis nach einer Zigarette zu assoziieren. Wenn er andererseits gelernt hat, ein gutes Gefühl damit zu verbinden, daß er gerade eine Zigarette geraucht *hat*, wird das Netz noch engmaschiger und auch glückliche Situationen umfassen. (Etwa den Sex. In der wissenschaftlichen Literatur herrscht ein auffallender Mangel an Spekulationen, warum die Zigarette nach dem Koitus so besonders gut zu schmecken scheint; hier könnten wir eine mögliche Erklärung dafür gefunden haben.)

Nehmen wir nun an, daß sich unser Dichter dazu entschließt, das Rauchen aufzugeben. Er hat immer noch Probleme damit, morgens munter zu werden (sagen wir, er hatte sie schon als Kind, also bereits bevor er mit dem Rauchen anfing). Nun aber ist der Muntermacher, auf den er sich seit 15 Jahren jeden Morgen verlassen hat, nicht mehr da. Seine natürlichen Biorhythmen, sein Lebensstil, seine Arbeit verlangen immer noch nach dieser Zigarette, doch nun muß er auf sie verzichten. Er sitzt an seinem Arbeitstisch, um zu schreiben, er lehnt sich zurück, um über den Rhythmus einer Verszeile zu sinnieren, und ertappt sich dabei, wie er in Gedanken nach dem Zigarettenpäckchen greift, das gewohnheitsgemäß rechts auf dem Schreibtisch lag. Dies wird ihm in der nächsten Stunde noch dreimal passieren. Schlechte Nachrichten erreichen ihn, und seine Suche nach Zigaretten hat ihn schon durch das halbe Haus geführt, bevor ihm einfällt, daß er das Rauchen aufgegeben hat. Nun muß er sich mit den schlechten Nachrichten *und* der fehlenden Zigarette auseinandersetzen. Am Abend sieht er wie gewöhnlich fern, aber es macht ihm keinen Spaß. Er pflegte beim Fernsehen auf höchst entspannte Weise zu rauchen – er sah zu, wie die Rauchschwaden sich zur Decke emporringelten. Nun kann er nur daran denken, daß fernsehen eine armselige *Halb-Aktivität* ist.

Menschen sind an das Rauchen gefesselt wie Gulliver von den Lilliputanern an den Boden gefesselt war: mit Hunderten von einzelnen Fäden. Unser Raucher lernt bald, daß Nikotinabstinenz nicht nur bedeutet, gelegentlich von einer abstrakten Sehnsucht nach einer Droge befallen zu werden. Im Gegenteil – die *Ereignisse* in seinem Leben bringen ihn dazu, sich eine Zigarette zu wünschen. Und nicht nur einige wenige Ereignisse, sondern eine Überfülle davon: gute Ereignisse, schlimme Ereignisse, Routineereignisse, was immer Sie wollen.

Somit dürfte klar sein, warum der Tabak eine besonders bösartige Sucht hervorruft. Jede Art von Drogengebrauch ist in einen bestimmten Lebensstil eingebettet, doch von allen Suchtpraktiken ist allein das Zigarettenrauchen weitgehend in der Öffentlichkeit erlaubt. (Sogar der Alkohol nimmt mit großem Abstand nur den zweiten Platz ein.) Die Arena, in der etwa die Kokainsucht ausgelebt wird, ist sehr klein – das private Zimmer. Die Arena, in der die Zigarettensucht ausgelebt wird, ist sehr groß, beinahe so groß wie das Leben des Rauchers. Auf diese Weise wird die Macht, die das Nikotin über einen Raucher erlangt hat, vervielfacht. Wohin er auch seinen Fuß setzt, seine Umgebung enthält nicht nur die üblichen Anblicke und Geräusche, sondern auch eine Wolke Tabakrauch.

11
Die Persönlichkeit des Rauchers

Bisher beschrieb ich die Menschen wie eine nachgiebige Oberfläche, in die sich die Wirkungen des Nikotins und die Erfahrungen damit einprägen lassen. Wenn man die biologischen Effekte des Nikotins mit der Verhaltenskonditionierung kombiniert, erhält man die Gründe für das Rauchen. Diese Auffassung setzt jedoch eine *einheitliche* Oberfläche voraus, in die etwas eingeprägt werden kann – eine unveränderliche menschliche *Tabula rasa*, wenn Sie so wollen.

Ich glaube, es versteht sich von selbst, daß es so etwas nicht gibt. Jeder, der das Rauchen ausprobiert, bringt dafür einen komplexen und einzigartigen Hintergrund mit, der entscheidend mitbestimmt, ob dieses Verhalten Wurzeln schlagen wird oder nicht. Wir können uns zum Beispiel eine Person vorstellen, die zwar die Wirkungen von Zigaretten mochte, aber von dem damit verbundenen Schmutz abgestoßen war und deshalb diese Gewohnheit nie ernstlich annahm. Eine andere Person schätzte die Wirkungen ebenfalls, doch sie verschwendete nie auch nur einen Gedanken an Ascheflecken auf der Tischdecke, vergilbte Gardinen oder ähnliches, und so gewöhnte sie sich das Rauchen an.

Wenn man nach den Ursachen des Rauchens sucht, stellt sich nicht die Frage, ob sich die Menschen in dieser Hinsicht unterscheiden, sondern ob sie sich *als Gruppen* unterscheiden. Die Fragestellung muß also lauten: Wird jemand, nur weil er Rotarier oder Sporttaucher ist, eher zum Raucher? Dies kann aufschlußreich sein, denn wenn wir herausfänden, daß alle Sporttaucher rauchen, könnte uns das eine gewisse Einsicht in das Wieso und Warum des Rauchens verschaffen.

Das eigentliche Geschäft der Wissenschaft ist die Vorhersage. (Sie ist in der Tat eine Art Wahrsagerei, auch wenn sie andere Techniken einsetzt, um ans Ziel zu gelangen.) Auf dem Gebiet des Rauchens strebt sie danach, zwei große Vorhersagen zu machen, von denen die erste etwa lautet: „Menschen werden rauchen, wenn diese Faktoren vorhanden sind." Die zweite heißt: „Wenn *jene* Faktoren vorhanden sind, werden Menschen mit dem Rauchen aufhören." Solche Voraussagen verlangen offensichtlich mehr Wissen, als uns zur Verfügung steht – sie erfordern womöglich mehr Wissen, als wir überhaupt besitzen *können*; doch auf jeden Fall ist dies das Ziel, und um uns diesem Ziel näherzubringen, haben Wissenschaftler im Lauf der Jahre auf jede nur denkbare Weise gefragt: Macht die Zugehörigkeit zu Gruppe A es wahrscheinlicher als die Zugehörigkeit zu Gruppe B, daß jemand zum Raucher wird?

Die Antwort ist eindeutig: Ja. Man wird wahrscheinlicher zum Raucher, wenn man beispielsweise arm ist oder eine schlechte Schul- und Berufsausbildung hat. Das ist nicht weiter überraschend. Doch wie steht es mit diesen Aspekten: Man wird eher zum Raucher, wenn man geschieden ist; man legt seltener einen Sicherheitsgurt an, wenn man Raucher ist; junge weiße Raucherinnen betrinken sich wesentlich häufiger hemmungslos als ihre nichtrauchenden Zeitgenossinnen (auf fast die Hälfte trifft diese Aussage zu – ein Anteil, der zwei- bis dreimal höher liegt als bei nichtrauchenden Frauen); Männer, die im Vergleich zu ihren Eltern einen sozialen Abstieg erfahren, werden leichter zu Rauchern als solche, denen ein sozialer Aufstieg gelingt.[1]

Manche dieser Aspekte, etwa der des Sicherheitsgurtes, stellen vielleicht keine so großen Überraschungen dar, doch andere stellen mehr Fragen, als sie beantworten (wie im Falle des sozialen Absteigers). Die oben aufgestellten Charakteristika stellen natürlich Durchschnittswerte dar: Es gibt viele Raucher, die Sicherheitsgurte anlegen, und viele Nichtraucher, die es nicht tun. Ferner bedeutet dies alles nicht, daß man einen einzigen „Typ" Raucher bekommt, wenn man nur die entsprechenden Informationen miteinander verbindet. Es ist eine Binsenwahrheit, daß dies offensichtlich eine ziemlich törichte Annahme wäre. Dies gilt um so mehr, wenn man bedenkt, daß über 25 Prozent aller erwachsenen Amerikaner rauchen; gäbe es also den einen Rauchertyp, so müßten wir in allen diesen Amerikanern eine einzige Person erkennen können, was zweifellos nicht der Fall ist.

Trotzdem können Raucher im Vergleich zu Nichtrauchern unverhältnismäßig häufig einer *bestimmten* Gruppe zugerechnet werden. Solche Aussagen sind allerdings etwas unzuverlässig, da sich die Merkmale der rauchenden Bevölkerung verändern – manchmal mit rasender Geschwindigkeit. 1968 war der Prozentsatz der amerikanischen Mädchen, die angaben, regelmäßig zu rauchen, nur halb so hoch wie der der jungen amerikanischen Männer; 1970 lag ihr Anteil im Vergleich zu ihren männlichen Altersgenossen bereits bei zwei Dritteln, und im Januar 1974 waren die Prozentsätze gleich.[2*]

Einige mit dem Rauchen verbundene Merkmale sind jedoch erheblich stabiler, und von diesen haben die interessantesten mit der Eigenschaft zu tun, die man im allgemeinen als Persönlichkeit bezeichnet. Ich glaube, für den Durchschnittsmenschen bedeutet „Persönlichkeit“ etwa dasselbe wie ein lebhaftes, einnehmendes Wesen; demnach haben Menschen, die in der Öffentlichkeit anziehend wirken, eine „ausgeprägte“ Persönlichkeit. Anders ausgedrückt: Wenn ein Mensch nicht viel Persönlichkeit „besitzt“, bedeutet dies, daß er über kein lebhaftes Temperament verfügt.

Wir werden hier jedoch von Persönlichkeit in einem etwas weiteren Sinne sprechen. Grob gesprochen ist Persönlichkeit die Gesamtheit aller relativ beständigen Verhaltensmerkmale, die jede Person einzigartig macht. Nach dieser Definition ist „enttäuscht sein“ kein Teil der Persönlichkeit eines Menschen, „schnell enttäuscht sein“ aber sehr wohl. Theoretisch gibt es eine riesige Menge solcher Eigenschaften, doch ein Zweig der Persönlichkeitspsychologie, die sogenannte Theorie der Persönlichkeitszüge, vertritt zumeist den Standpunkt, es gebe eine relativ kleine Anzahl von Persönlichkeitsmerkmalen, und diese seien meßbar. Person A könnte daher auf einer 10-Punkte-Skala, mit der Feindseligkeit gemessen werden kann, den Wert 10 erreichen, während Person B nur auf den Wert 5 kommt. Da diese Skalen einen Bezug zur realen Welt besitzen sollen, hängt ihr Wert unter anderem von ihrer *Vorhersage-Validität* ab. In unserem Beispiel könnten wir anhand des extrem hohen Feindseligkeitswertes von Person A sagen, daß sie möglicherweise eine gewisse Zeit im Gefängnis verbracht hat. Durch Methoden wie das Prüfen der Vorhersage anhand der Fakten wurden die anspruchsvolleren Persönlichkeitstests (oder die größeren „Inventare“) immer weiter ausgearbeitet, so daß unter Psychologen inzwischen weitgehend Einigkeit darüber herrscht, daß sie etwas Reales messen.

---

* Die jungen Mädchen haben die jungen Männer im Rauchen inzwischen überrundet, und das ist bis heute so geblieben. Dies ist wichtiger Bestandteil einer auffallenden Verschiebung der Rauchgewohnheiten in den Vereinigten Staaten. Wenn die aus heutiger Sicht auszumachenden Langzeittrends anhalten, wird den Vereinigten Staaten irgendwann in den neunziger Jahren die zweifelhafte Ehre zuteil, die meines Wissens erste Nation in der Geschichte dieses Planeten zu sein, die mehr weibliche als männliche Raucher besitzt.

Eine Unzahl von Persönlichkeitszügen wurde getestet, um festzustellen, welche Korrelationen sich mit dem Rauchen ergeben. Wir müssen uns also fragen: Gibt es raucherspezifische Persönlichkeitszüge?

Die Antwort ist: Ja. Jede Liste solcher Eigenschaften ist zwangsläufig etwas willkürlich. Als positive Belege werden oftmals die Durchschnittswerte aus vielen Untersuchungen herangezogen; außerdem gibt es keinen Lackmustest für eine „bewiesene" Korrelation. Daneben ist wichtig, daß diese Eigenschaften nicht viel von der „Varianz" des Rauchens erklären; wenn man weiß, daß eine Person einen bestimmten Persönlichkeitszug trägt, kann man keineswegs zuverlässig daraus ableiten, daß sie raucht.

Dennoch glaube ich, daß uns diese Korrelationen zweifellos einen gewissen Einblick in das Rauchen gewähren. Wir beginnen am besten mit der Betrachtung einiger Persönlichkeitszüge, die uns bei Rauchern wenig überraschen dürften. Als Gruppe neigen sie dazu, höhere Werte als Nichtraucher auf Skalen zu erreichen, die das messen, was man als Risikobereitschaft und Erlebnishunger bezeichnet. Menschen mit hohen Werten auf diesen Skalen könnten auch unter Fallschirmspringern, Wildwasserfahrern oder unter Menschen, die noch andere Drogen nehmen, zu finden sein. (Oder, wie ich vermute, unter Polizisten, von denen mir überdurchschnittlich viele zu rauchen scheinen.)

Die Gründe, warum Raucher unverhältnismäßig stark in diesen Gruppen vertreten sind, liegen auf der Hand: Rauchen stellt ein Risiko dar, und Rauchen vermittelt eine ganze Reihe körperlicher und geistiger Erfahrungen und Empfindungen. Mit der Risikobereitschaft eng verbunden ist eine andere Persönlichkeitskorrelation, die man bei Rauchern festgestellt hat: Sie erreichen hohe Werte auf einer Skala, die die sogenannte „externe Kontrolle" mißt. Das heißt, sie glauben stärker als Nichtraucher daran, daß ihr Leben von äußeren Kräften – von anderen Menschen oder vom Schicksal – und nicht von den Kräften in ihrem Inneren gelenkt wird. Gene Smith drückt dies wie folgt aus: »Raucher denken stärker als Nichtraucher, daß das, was ihnen geschieht, eher vom Zufall abhängt als von ihren eigenen Anstrengungen und Fähigkeiten.«[3] Auch das überrascht nicht sonderlich. Trotz all unserer Fortschritte in der Medizin verhält es sich mit Lungenkrebs und Herzerkrankungen immer noch wie bei einem Roulett. Haben unsere Handlungen großen Einfluß darauf, ob die Kugel bei Rot oder Schwarz liegenbleibt? Viele Raucher würden mit Nein antworten. Diese Auffassung von externer

Kontrolle deckt sich offensichtlich auch mit unseren Beobachtungen hinsichtlich der Risikobereitschaft. Raucher tendieren ferner zu hohen Werten bei einer Reihe von Merkmalen, die man zusammenfassend mit dem heute seltsam altmodischen Begriff „antisozial" zu bezeichnen pflegt. So werden sie in aller Regel eher rebellisch oder aufsässig und halten sich insgesamt weniger an die sozialen Spielregeln. Die Korrelationen in dieser Kategorie sind sehr hoch und werden durch den Befund ergänzt, daß Raucher zumeist *niedrigere* Werte in der Persönlichkeitskategorie Autoritätsgläubigkeit erhalten.

Darüber hinaus scheinen Raucher über etwas zu verfügen, was man wohl als stärkeren sexuellen Trieb bezeichnen muß – oder vielleicht als verminderte sexuelle Hemmung. Es gibt nur wenige Untersuchungen hierzu, aber fast alle weisen in dieselbe Richtung. Beurteilt wurden Faktoren wie sexuelle Frühreife, der „Drang" nach Sex und nach dem anderen Geschlecht; hier wurden so unterschiedliche Gruppen wie erwachsene amerikanische Männer und Schülerinnen der Unterstufe eines katholischen Mädchencolleges im Nordosten Amerikas untersucht.

In dieses Bild paßt auch, daß Raucher hohe Werte im Bereich der Impulsivität erreichen; im Gegensatz zu Nichtrauchern neigen sie zu spontanen Urteilen. Schließlich dürfen wir annehmen, daß Raucher, im Vergleich zu Nichtrauchern, vor anderen Menschen ein ehrlicheres Bild von sich selbst zeichnen. Die meisten Persönlichkeitsinventare enthalten eine „Lügenskala", die bei der Auswertung der Fragebögen einen Eindruck davon vermitteln soll, wie aufrichtig die Testperson gewesen ist. (Diese Skalen bestehen gewöhnlich aus einer Serie von Fragen wie »ich sage nicht immer die Wahrheit« oder »manchmal bin ich kalt zu meinem Ehepartner«. Wenn eine Testperson durchgehend verneint, solche Alltagsschwächen zu haben, ist es unwahrscheinlich, daß sie generell die Wahrheit sagt.) Die vorhandenen Untersuchungen weisen darauf hin, daß Raucher bei solchen Tests seltener lügen; nach einer Theorie bewirkt ihre fehlende Bereitschaft zur Unterwürfigkeit, zusammen mit einem hohen Maß an Aufsässigkeit, daß es ihnen relativ gleichgültig ist, was andere Menschen von ihnen halten.

Ein Thema, das unweigerlich bei jeder Diskussion über Rauchen und Persönlichkeit auf der Tagesordnung steht, hat mit einem Persönlichkeitszug zu tun, der so schwammig und unterschiedlich definiert ist, daß Wissenschaftler Schwierigkeiten haben, sich auch nur auf einen Namen dafür zu einigen. Manchmal wird er als „geistige

Gesundheit“ bezeichnet, manchmal als „Emotionalität“ und manchmal als „Neurotizismus“.* (Auf letzteres bezieht sich eine häufig verwendete Skala, in der die Abkürzung „N“ verwendet wird; dort heißt es dann zum Beispiel „Jene, deren „N“ sehr ausgeprägt ist“.) Menschen mit hohen N-Werten sind allgemein nervös und überlastet, und sie reagieren empfindlich auf ihre Umwelt; sie sind ängstlich, ruhelos und pessimistisch. Das Gegenteil dieses Zustands nennt man Stabilität, was für Ruhe, Zuverlässigkeit und Ausgeglichenheit steht. In einer Sprache, die der britischen Komikertruppe *Monty Python* alle Ehre machen würde, werden solche stabilen Menschen in der wissenschaftlichen Literatur manchmal als „Normale“ bezeichnet.

Haben nun aber die Raucher als Gruppe einen höheren N-Wert als Nichtraucher? In Gene Smiths umfassendem Überblick über die damals vorliegenden Forschungsergebnisse wiesen etwas mehr als die Hälfte der über 50 durchgeführten Untersuchungen einen Zusammenhang zwischen Rauchen und einigen Aspekten der als N bezeichneten Merkmalsgruppe aus. Wo immer ein Zusammenhang gefunden wurde, zeigten Raucher eine weniger gute geistig-seelische Stabilität als Nichtraucher, doch der Umstand, daß in knapp der Hälfte der Experimente kein signifikanter Zusammenhang festgestellt wurde, sollte uns doch stutzig machen. Seit damals wurden weitere Literaturübersichten veröffentlicht, von denen der Großteil Rauchern einen höheren N-Wert als Nichtrauchern bescheinigen. Wie sich jedoch gezeigt hat, trifft dies wohl eher auf Raucher*innen* als auf Raucher im allgemeinen zu.[4]

Diese Ergebnisse zur seelischen Gesundheit gewannen in gewisser Hinsicht durch Untersuchungen an Bedeutung, die in den letzten Jahren zur Beziehung zwischen dem Rauchen und der Depression durchgeführt wurden. 1986 untersuchten John Hughes und seine Mitarbeiter eine Gruppe ambulanter psychiatrischer Patienten in Minnesota und stellten fest, daß mehr als die Hälfte von ihnen rauchte – eine Quote, die natürlich weit über dem nationalen Durchschnitt liegt.[5] Es zeigte sich, daß etwa 50 Prozent dieser Raucher an einer schweren endogenen Depression litten. Dies ist nicht die normale gedrückte Stimmung, in der wir uns fast alle von Zeit zu Zeit wiederfinden, sondern ein zermürbender Zustand, der oft in erkennba-

* Neurotizismus: Emotionalität beziehungsweise emotionale Labilität oder Stabilität ... [Aus: Dorsch, F. *Psychologisches Wörterbuch*. Bern (Hans Huber) 1982.]

ren „Schüben" auftritt und seine Opfer tage- oder wochenlang lahmlegt.

Zu ihrer Überraschung entdeckten dann 1988 Alexander Glassman und seine Mitarbeiter, die ein Experiment zur Beendigung des Rauchens durchführten, daß die Krankengeschichte von mehr als 60 Prozent der von ihnen untersuchten starken Raucher eine solche schwere Depression auswies.[6] Glassmans Versuchspersonen waren keine ambulanten psychiatrischen Patienten, wie in der Studie von Hughes, sondern starke Raucher, die allein der Umstand zusammengeführt hatte, daß sie sich das Rauchen abgewöhnen wollten. Da man davon ausgehen kann, daß eine schwere Depression bei weniger als zehn Prozent der Bevölkerung auftritt, sah sich Glassman durch diesen Anteil an Depressiven in seiner Gruppe – er lag sechsmal höher als in der übrigen Bevölkerung – dazu veranlaßt, Forschungsarbeiten zu fordern, die seine Ergebnisse bestätigen könnten.

Diese Forschung wurde schließlich zum Teil von Glassman selbst durchgeführt, und 1990 erschienen zwei Artikel im *Journal of the American Medical Association*. In einem davon legten Glassman und seine Mitarbeiter Informationen über mehr als 3200 Menschen vor. Die Ergebnisse bestätigten ihren früheren Verdacht in vollem Umfang: Menschen mit dieser Form von schwerer Depression rauchen eher und finden es viel schwieriger, damit aufzuhören.[7]

Parallel dazu wurde ein Artikel von Robert Anda und seinen Mitarbeitern publiziert, in welchem Daten von 820 Menschen aus den gesamten Vereinigten Staaten analysiert wurden. Anda untersuchte Personen, die an chronischer Depression litten. Dies ist eine ernste und hartnäckige seelische Erkrankung, doch sie ist nicht notwendigerweise so schwerwiegend wie die endogene Depression, die Glassman untersucht hatte. Anda und seine Mitarbeiter stellten fest, daß etwa 20 Prozent der von ihnen untersuchten Personen hohe Werte auf einer „Depressionsskala" erreichten. Überdies war die Wahrscheinlichkeit, daß diese Raucher das Rauchen aufgaben, um 40 Prozent geringer als bei den nichtdepressiven Rauchern.[8]

Mit diesen Arbeiten scheint sicher nachgewiesen, daß eine Verbindung zwischen dem Rauchen und einer ganzen Reihe von Depressionen existiert. Noch nicht eindeutig geklärt ist, ob eine chronische Depression Menschen dazu verleitet, das Rauchen *zu beginnen*. Wir können jedoch davon ausgehen, daß Jugendliche um so wahrscheinlicher zu rauchen anfangen, je deprimierter sie sind.

Was können wir aus dem etwas fraglichen Nachweis eines Zusammenhangs zwischen Neurotizismus und Rauchen und dem überzeugenden Nachweis eines Zusammenhangs zwischen Depression und Rauchen schließen? Wir haben gesehen, daß das Nikotin in vielerlei Hinsicht als eine Art psychologisches Hilfsmittel dienen könnte. Es sollte daher nicht überraschen, daß seelisch stärker belastete Menschen häufiger deshalb rauchen, weil sie sich davon Hilfe erwarten. Wahrscheinlich machen die neurotischeren Raucher längere und tiefere Züge, sie nutzen also das Rauchen als Mittel zur Beruhigung, was zu unseren bisherigen Erkenntnissen paßt. Dies deckt sich auch mit dem bekannten Bild des überlasteten Rauchers, der tiefe Züge macht, als wäre die Zigarette die Rettungsleine zur seelischen Gesundheit.

Wie diese Befunde nahelegen, könnte das Rauchen für einige Menschen eine Form der *Selbstmedikation* darstellen: Es könnte eine pharmakologische Stütze – ein Medikament – für Menschen mit einer bereits bestehenden seelischen Störung wie Neurotizismus oder Depression sein. Darauf kann ich nur antworten: Lassen Sie sich nicht aufs Glatteis führen. Es ist pervers, daß vielleicht 10 Millionen bekümmerte Amerikaner sich besser fühlen („normal" fühlen), weil sie eine Droge nehmen, die ihren Trost nur um den Preis von Sucht und Tod spendet. Aber in unserer gleichgültigen Welt darf man sich darüber wohl nicht einmal mehr wundern.

Können wir solchen Menschen trotzdem raten, das Rauchen ganz einfach aufzugeben? Für Personen, die nur an leichten, gelegentlichen Anfällen von Depression leiden, wird unser Rat wahrscheinlich immer lauten: Hören Sie auf. Doch was ist mit jenen Menschen, die an zermürbenden, anhaltenden und häufigen Depressionsanfällen leiden?

Wie Glassman berichtete, gehen schwer depressive Raucher, die das Rauchen aufgeben konnten, offenbar das Risiko ein, in eine neue depressive Phase zu stürzen. Es ist natürlich durchaus möglich, daß diese Menschen einfach durch die Symptome des Nikotinentzugs deprimiert werden. Doch wenn ihre Depression daher rührt, daß sie sich ihr Medikament versagen, können wir ihnen dann raten, tagtäglich ihren Seelenfrieden zu opfern, um ihre Lungen und Herzen ruhigzustellen?

Depression ist natürlich nur *eine* Form von seelischer Störung, und infolge der von uns besprochenen Forschungsarbeit, beginnt die Wissenschaft nun, jene seelischen und geistigen Funktionsstörungen, die mit dem Rauchen in Zusammenhang gebracht werden können, etwas genauer unter die Lupe zu nehmen. In seiner Studie fand Glassman keinen statistisch haltbaren Zusammenhang zwischen Phobien,

Angst- oder Zwangsneurosen und dem Rauchen. Andererseits ermittelte Hughes in seiner Studie über ambulante Psychiatriepatienten eine enorm hohe Rate von 88 Prozent Rauchern unter den von ihm untersuchten Schizophrenen.

Diese letzte Statistik war für mich keine Überraschung, und ich bezweifle, daß es einen Leser gibt, der sehr erstaunt darüber ist. Aufgrund bloßer Beobachtung hätte ich geraten, daß es unter den amerikanischen Schizophrenen eine Raucherrate von 100 Prozent gibt, wenn diejenigen, die frei auf den Straßen herumlaufen, ein repräsentativer Indikator sind. Ich bin sicher, letzten Endes werden wir feststellen, daß das Rauchen tatsächlich eine Selbstmedikation für solche schwer beeinträchtigten Menschen darstellt.* Wir können für diese armen Seelen – und für andere, die das Nikotin vielleicht als Medikament benutzen – nur hoffen, daß die Wissenschaft eines Tages in der Lage sein wird, Substanzen herzustellen, die so hilfreich und attraktiv wie Tabak sind, aber keine seiner grausamen Nebenwirkungen aufweisen.

Wir wollen nun noch eine letzte Persönlichkeitskategorie betrachten, die unsere Aufmerksamkeit verdient und – vermutlich zur Freude der Leser – ein leichteres Thema als das eben besprochene darstellt. Es geht um Extraversion beziehungsweise Introversion; sie müssen unter Berufung auf den Wissenschaftler H. J. Eysenck besprochen werden, der für den Großteil dieser zukunftsträchtigen Forschungsarbeiten verantwortlich ist.

Hans Jürgen Eysenck ist vielleicht der bekannteste Psychologe Englands und auf dem Gebiet der Persönlichkeitstheorie sicher einer der einflußreichsten Psychologen der Welt. Die Bandbreite seiner Arbeit reicht jedoch weit über das Reich der akademischen Psychologie hinaus. Eysenck ist eine Art intellektueller Störenfried, der es fertigbrachte, in einer eindrucksvollen, inzwischen über 40jährigen Karriere Vertreter der verschiedensten Lager der denkenden Welt vor's Schienbein zu treten. Er besaß beispielsweise die Dreistigkeit zu sagen, daß Kaiser Freud keine Kleider anhat, daß die Astrologie von einem gewissen Wert sein könnte, und daß politisch weit rechts und

* Die Verbindung zwischen Rauchen und Geisteskrankheit ist nicht erst vor kurzem entdeckt worden, und die Verbindung zwischen Rauchen und vielen Arten von sozial mißliebigem Verhalten scheint eine lange Geschichte zu haben. Tolstoi konnte vor 100 Jahren fragen: »Warum rauchen fast alle Spieler? Warum rauchen unter den Frauen solche, die ein regelmäßiges Leben führen, am wenigsten? Warum rauchen *alle* Prostituierten und Verrückten?«[9] In der Tat, warum?

weit links Stehende in psychologischer Hinsicht ziemlich viel gemeinsam haben.*

Ein Großteil seiner Arbeit ist jedoch eine Art Nebenprodukt seiner Persönlichkeitsforschung. Aus der Sicht Eysencks ist Introversion/Extraversion nicht nur ein Persönlichkeitszug, sondern zusammen mit Neurotizismus/Stabilität und Psychotizismus**/Über-Ich*** eine grundlegende „Dimension" der Persönlichkeit.

Die Definitionen, die Eysenck für Introversion und Extraversion gibt, ähneln denen des Laien. So ist nach ihm der typische Introvertierte

> »ein ruhiger, zurückgezogener, nach innen blickender Mensch, der eher Bücher als Menschen liebt; er ist reserviert und zurückhaltend, außer im Kontakt mit engen Freunden. Er neigt dazu, vorauszuplanen, „schaut, ehe er springt" und mißtraut der Eingebung des Augenblicks. Er mag keine Aufregungen, nimmt die Dinge des täglichen Lebens mit dem nötigen Ernst und schätzt einen wohlgeordneten Lebensstil. Er hält seine Gefühle streng unter Kontrolle, verhält sich selten aggressiv, und es muß schon viel geschehen, ehe er die Beherrschung verliert.«[10]

Der Extravertierte dagegen

> »ist gesellig, liebt Partys, hat viele Freunde, braucht Menschen, mit denen er reden kann ... Er sehnt sich nach Aufregungen, ergreift Chancen, handelt aus der Laune des Augenblicks und ist generell ein impulsives Individuum. Er spielt anderen gerne Streiche, hat immer eine Antwort parat und liebt allgemein Veränderungen; er ist sorglos, unkompliziert, optimistisch und gerne lustig und vergnügt. Er zieht es vor, in Bewegung zu bleiben und aktiv zu sein, neigt zu Aggressivität und verliert schnell die Beherrschung; er hält seine Gefühle nicht streng unter Kontrolle, und er ist nicht immer zuverlässig.«[11]

Introversion und Extraversion sind keine Entweder-Oder-Eigenschaften. Die meisten Menschen sind „Ambivertierte"; sie sind also weder

---

* Einige dieser Ansichten haben mehr Unterstützung erhalten als andere. Eysenck hat beispielsweise die Auffassung vertreten, daß die ursächliche Rolle des Tabaks bei Krankheiten nie bewiesen wurde, eine Ansicht, die außer der Tabakindustrie fast niemand ernst nimmt.

** Psychotizismus: Englische Bezeichnung für eine psychotische Störung im Persönlichkeitsaufbau. [Aus: Dorsch, F. *Psychologisches Wörterbuch*. Bern (Hans Huber) 1982.]

*** Über-Ich: Von Freud geprägter Begriff für das Funktionssystem der Persönlichkeit, das die aus der Familie und Gemeinschaft übernommenen moralischen Motive repräsentiert. [Aus: Dorsch, F. *Psychologisches Wörterbuch*. Bern (Hans Huber) 1982.]

sehr introvertiert noch sehr extravertiert. Außerdem setzen sich Introversion und Extraversion tatsächlich aus einzelnen Persönlichkeitszügen zusammen – wie Sportteams aus individuellen Spielern –, und das Zusammenspiel dieser Eigenschaften entscheidet, in welche Kategorie ein Mensch fällt.

Dies vorausgesetzt, sind die *Verhaltensweisen* interessant, die damit korrelieren, wo sich ein Mensch auf der Introversion-Extraversion-Skala befindet. Extravertierte wechseln den Arbeitsplatz, die Wohnung und den Ehepartner öfter als Introvertierte. Sie sind sexuell aktiver, haben früher, mit mehr Partnern, in mehr Positionen, länger anhaltend und auf überspanntere Weise Sex. Sie trinken mehr Alkohol und mehr Kaffee, essen öfter stark gewürzte Speisen, gehen mehr Risiken ein und haben mehr Autounfälle als Introvertierte.[12] Außerdem lassen sie sich leichter ablenken und konzentrieren sich schlechter auf langweilige oder monotone Aufgaben.

Wie sich zeigte, haben Introversion und Extraversion eine biologische Grundlage. In Eysencks ursprünglicher Formulierung zeigten Introvertierte hinsichtlich der Gehirntätigkeit ein höheres „Ruhestadium" – man könnte sagen, ihr Gehirn wies bei Untätigkeit ein höheres Erregungsniveau auf als das von Extravertierten. Es hat sich herausgestellt, daß dies nicht zutrifft; doch Introvertierte und Extravertierte *reagieren* sehr unterschiedlich auf ihre Umwelt.

Man setze einen Introvertierten Seite an Seite mit einem Extravertierten in eine Experimentierkammer und gebe jedem ein mittelstarkes akustisches Signal, und man wird sehen, daß das Gehirn des Introvertierten viel stärker reagiert als das des Extravertierten – es reagiert mit einem höheren Aktivierungsniveau. Das gilt auch dann, wenn der Stimulus visuell statt akustisch ist. (Dies wird sowohl anhand der Gehirnreaktionen als auch am Hautwiderstand gemessen, das heißt am Ausmaß, in dem die Haut Elektrizität leitet.) Introvertierte besitzen demnach kein höheres *Aktivierungsniveau im Ruhezustand*, sondern eine leichtere *Erregbarkeit*.[13] Sie sprechen auf Stimuli, die sie aus der Umwelt empfangen, stärker an.

Das hat Auswirkungen darauf, wie diese beiden Gruppen von Menschen ihre Welt wahrnehmen und auch darauf, wie sie mit ihr in Beziehung treten. Introvertierte besitzen eine geringere Schmerztoleranz als Extravertierte, ganz gleich wie stark der Schmerz ist. Andererseits sind Extravertierte, wie Eysenck berichtete, weniger tolerant gegenüber sensorischer Deprivation als Introvertierte. Extravertierte Menschen bevorzugen in der Tat eine stärkere akustische Stimulation als introvertierte.[14]

All dies steht mit dem Konzept eines optimalen Stimulationsniveaus in Beziehung. Es versteht sich wohl von selbst, daß wir alle weder eine zu starke noch eine zu geringe Stimulation als angenehm empfinden. Um zwei Extremfälle zu nennen: Wenige Menschen werden freiwillig lange Zeit in einem Tank ohne jegliche sensorische Reize schwimmen oder neben einem Preßluftbohrer stehen bleiben. In beiden Fällen würden wir ein Erregungsniveau erleben, das uns einfach unangenehm ist. Was bedeutet dies für Introvertierte und Extravertierte? Was für den Durchschnittsmenschen ein optimales Aktivierungssniveau darstellt, könnte für einen Extravertierten durchaus eine *Unteraktivierung*, für einen Introvertierten dagegen eine *Überaktivierung* bedeuten. Warum? Das Gehirn des Extravertierten registriert aufgrund seiner geringeren Erregbarkeit ankommende Stimulationen schwächer als das Gehirn einer Durchschnittsperson, während der Introvertierte diese Stimulationen stärker zur Kenntnis nimmt.

Eysenck faßte dies prägnant zusammen, als er sagte, daß Extravertierte in einem Zustand leben, der an einen regelrechten „Stimulushunger“ grenzt. Es sollte daher nicht überraschen, daß Extravertierte häufiger scharf gewürzte Speisen essen, mehr Alkohol trinken, Arbeitsstelle und Liebespartner öfter wechseln und so weiter, weil alle diese Dinge eine Fülle von Stimulationen bieten. (Berufs- und Amateursportler sind, nebenbei bemerkt, häufig Extravertierte, was sich mit all dem deckt, was wir bisher besprochen haben.)[15]

Der Leser möge sich nun für einen Augenblick in Geduld fassen, denn ich kann nicht widerstehen, einige kulturelle Betrachtungen anzustellen, obwohl sie nichts mit unserer eigentlichen Geschichte zu tun haben. Erstens bin ich angesichts des breiten Interesses, das die Arbeiten zum Introvertiert- oder Extravertiert-Sein gezeigt haben, ziemlich überrascht, daß das Wissen über die Unterschiede zwischen diesen beiden Formen der Persönlichkeit sich nicht in Volksweisheiten niedergeschlagen hat, wie das etwa mit dem Wissen über die linke/rechte Gehirnhälfte, Freudsche Versprecher und ähnlichem geschah.

Zweitens wäre es vielleicht gut, wenn dies geschehen *würde*, denn ich habe den Eindruck, daß viele Extravertierte, extreme wie gemäßigte, in dem überheblichen Irrtum leben, Introvertierte seien geistig ein wenig *lahm*. Um es anders auszudrücken: In der Gesellschaft herrscht, glaube ich, allgemein die Meinung vor, das Kennzeichen eines aktiven Gehirns sei eine aktive Zunge. Wir haben jedoch gesehen: Wenn eine Gruppe für sich in Anspruch nehmen kann, geistig ein wenig träge zu sein, so sind es die Extravertierten und nicht die Introvertierten (die, nebenbei bemerkt, bessere Schulleistungen aufweisen).

Schließlich könnte, falls diese Zusammenhänge allgemein bekannt werden, eine völlig neue Form von Minderheitenwitzen entstehen, wie beispielsweise: Hast du schon von dem Introvertierten gehört, der ein knallrosa Sweatshirt angezogen hat? Er ist ohnmächtig geworden, weil er so viel Stimulation nicht verkraften konnte. Oder: Warum essen Extravertierte so scharfe Gerichte? Damit sie nicht vor dem Nachtisch einschlafen.

Doch uns interessiert hier etwas anderes: Können wir aus Introversion und Extraversion Rückschlüsse auf das Rauchen ziehen? Es gibt Belege dafür, daß Nikotin Introvertierte und Extravertierte auf angenehme, aber unterschiedliche Weise beeinflußt – dasselbe gilt für Koffein. Barry Smith und seine Kollegen verabreichten einer Gruppe von Extravertierten und einer Gruppe von Introvertierten identische Mengen von Koffein, ließen sie Töne hören und maßen ihren Hautwiderstand. Wie erwartet, reagierten die Introvertierten stärker auf die Töne, wenn sie unter Plazebo-Bedingungen (ohne Koffein) zuhörten. Das Interessante dabei war, daß die Introvertierten weniger stark auf die Töne reagierten, wenn sie Koffein erhalten hatten; je mehr Koffein sie bekommen hatten, desto schwächer reagierten sie. Die Reaktion der Extravertierten war jedoch genau umgekehrt: Je mehr Koffein sie erhielten, desto *stärker* reagierten sie auf die Töne.[16]

Dieses Phänomen der entgegengesetzten Reaktion wurde auch für Nikotin nachgewiesen, und zwar anhand von Messungen der früher bereits besprochenen kontingenten negativen Variation (CNV). (Dies ist die Gehirnstromkurve, die zwischen einem die Aufmerksamkeit erregenden Befehl wie „fertig" und einem Handlungsbefehl wie „los" hervorgerufen wird.) Wie Kieron O'Connor und andere berichteten, erhöht Nikotin das Ausmaß der CNV bei Extravertierten, vermindert es jedoch bei Introvertierten.[17]

Warum sich das so verhält, ist nicht klar, doch wir hätten vorhersagen können, daß sich sowohl die Introvertierten als auch die Extravertierten genau diese Wirkungen erhofften: Die unteraktivierten Extravertierten heben ihr Aktivierungsniveau mit Koffein oder Nikotin an, während die überaktivierten Introvertierten ihr Aktivierungsniveau senken.

Es ist anzunehmen, daß dieses Phänomen auch Auswirkungen auf das wirkliche Leben hat. William Revelle und seine Mitarbeiter an der Northwestern University haben beispielsweise herausgefunden, daß es Extravertierten leichter fällt, komplexe Aufgaben zu bewältigen, wenn sie am Morgen eine Koffeinmenge erhalten, die mehreren Tassen Kaffee entspricht, während Introvertierte durch die Droge behindert werden.[18]

Wenn man dies alles bedenkt, könnte man vermuten, daß das Rauchen für Extravertierte und Introvertierte gleichermaßen attraktiv ist – die eine Gruppe stimuliert sich wie gewünscht, während die andere sich dämpft. Es hat sich jedoch gezeigt, daß dies nicht der Fall ist. Tatsache ist, daß sich unter den Rauchern unverhältnismäßig viele Extravertierte befinden. Dies ist vielleicht die stabilste Persönlichkeitskorrelation in der gesamten Fachliteratur. 1970 entdeckte Gene Smith, daß Raucher in 22 von 25 Analysen als extravertierter eingestuft wurden, und in der Zwischenzeit gab es nur sehr wenige dem widersprechende Untersuchungen. Die Unterschiede sind zwar nicht groß – Extraversion erklärt nicht viel von der „Varianz" des Rauchens –, und schließlich gibt es auch viele introvertierte Raucher, doch die Unterschiede sind konsistent. Überdies, je mehr eine Person raucht, umso extravertierter ist sie wahrscheinlich. Leichte Raucher sind am wenigsten extravertiert, starke Raucher am stärksten, doch alle Gruppen von Rauchern sind extravertierter als Nichtraucher. (Tatsächlich sind nur alle Gruppen von *Zigaretten*rauchern extravertierter; die Pfeifenraucher landen auf dieser Skala genau dort, wo wir es erwartet hätten: am introvertiertesten Punkt, sie liegen sogar noch über dem Introversionswert der Nichtraucher.)

Warum aber sind Raucher extravertierter? Auch ohne unser Wissen über die besprochenen biologischen Grundlagen hätten wir erahnen können, daß das Rauchen auf Extravertierte eine ungleich größere Faszination ausübt. Schließlich beinhaltet die Extraversion ein starkes Moment der öffentlichen Zurschaustellung, und wer raucht, erregt – dank des seltsamen Gegenstandes zwischen den Lippen und der riesigen Rauchwolken – immer ein wenig mehr Aufmerksamkeit, wohin er auch geht.

Gibt es aber einen biologischen Grund für das Überangebot an Extravertierten unter den Rauchern? Man könnte die Vermutung äußern, der *Akt* des Rauchens sei für Extravertierte belohnender als für Introvertierte. Wir haben früher schon festgestellt, daß Menschen, die nach Stimulation suchen, bei den Zigaretten an der richtigen Adresse sind, da sie ein wenig von allem zu bieten scheinen: visuelle Reize, Geräusche, Gerüche, Geschmacksempfindungen, Tasterlebnisse. Es wäre daher nicht überraschend, wenn sich erfahrungshungrige Extravertierte stärker als andere Gruppen von dieser in höchstem Maße sinnlichen Handlung angezogen fühlten. Vielleicht klingt es ein wenig seltsam, aber unter diesem Aspekt ist die Belohnung durch das Rauchen für diese Menschen durchaus mit der durch Basketballspielen oder Sex vergleichbar.

Es wurden auch kompliziertere Theorien entwickelt, um das Überangebot an extravertierten Rauchern zu erklären, doch meiner Ansicht nach sind sie so schwierig *und* so spekulativ, daß ihre Darstellung für unsere Zwecke nicht sehr lohnend ist.

Wir haben früher bereits gesehen, daß sich die Merkmale der rauchenden Bevölkerung im Laufe der Zeit verändern; in den letzten Jahren kam es in Amerika zu einem regelrechten Umsturz, wenn man bedenkt, wie stark die Zahl der rauchenden Menschen zurückgegangen ist. Weil das Rauchen heute gesellschaftlich weniger akzeptiert wird, könnte auch eine Veränderung in den beobachteten Persönlichkeitskorrelationen eintreten. Eysenck hat beschrieben, wie Extravertierte angesichts der ablehnenden Haltung, die die Gesellschaft nun gegenüber dieser Gewohnheit einnimmt, zunehmend motivierter sein könnten, *nicht* zu rauchen.[19] Umgekehrt könnten wir vielleicht ein Anwachsen der Korrelationen des Rauchens mit antisozialem Verhalten erleben, falls die gesamtgesellschaftliche Entwicklung anhält.

Meiner Meinung nach gibt es jedoch eine Komponente der Extraversion, die weiterhin sehr stark mit dem Rauchen korrelieren wird – stärker, als die heute verfügbaren Daten zur Extraversion per se vermuten lassen. Es ist dem Leser wahrscheinlich aufgefallen, daß viele Persönlichkeitszüge, die mit Extraversion verbunden sind – Impulsivität, Risikobereitschaft, Sexualität – genau den einzelnen Korrelationen entsprechen, die zum Rauchen gefunden wurden. Diese allgemeine Persönlichkeitsdimension enthält, wie mir scheint, eine ziemlich starke Verbindung zum Rauchen. Ich möchte den Leser zu wissenschaftlicher Neugier ermuntern und ihn auffordern, sich dies durch folgendes Experiment selbst vor Augen zu führen. Besuchen Sie ein zwangloses Treffen von Schauspielern, Rockmusikern oder Friseuren einerseits oder von Bauingenieuren, Elektrikern oder Computerprogrammierern andererseits und beobachten Sie, wieviel dort jeweils geraucht wird. Wenn Ihre Erfahrungen auch nur annähernd wie die meinen sind, dürften die Unterschiede dramatisch sein.

* * *

Wenn wir das Thema Persönlichkeit von einer höheren Warte aus betrachten, so fordert der Geist unserer Epoche, daß wir Klischees entlarven, wo immer wir ihnen begegnen, doch im Falle der Zusammenhänge zwischen Rauchen und Persönlichkeit scheint mir, daß sich Klischeevorstellungen hartnäckig in unseren Köpfen festgesetzt haben. Wie wir festgestellt haben, ist es irreführend verschiedene Korrelationen zwischen Rauchen und Persönlichkeit *zu suchen*, um zu einem hypothetischen „Rauchertypus" zu gelangen. Trotzdem scheint mir bemerkenswert, wie gut die besprochenen Persönlichkeitskorrelationen zu der Vorstellung passen, die die Gesellschaft vom Raucher hat. Dies wird deutlicher, wenn wir fiktive Charaktere betrachten, deren Markenzeichen das Rauchen ist.

Ruhelos, aufmüpfig, risikobereit, körperbetont und schonungslos ehrlich: Stammen diese Begriffe aus einem psychologischen Lehrbuch oder handelt es sich um eine Beschreibung von Humphrey Bogart in *Der Malteser Falke*? Impulsiv, aufbegehrend, deprimiert und erlebnishungrig: Ist dies das Porträt eines Rauchers oder das von James Dean in *Denn sie wissen nicht, was sie tun*? Sexbesessen, hektisch, risikofreudig: Sind dies Korrelationen mit dem Rauchen oder doch eher eine Beschreibung von William Hurt und Kathleen Turner in *Body Heat*? Selbst wenn nur wenige Raucher *alle* diese Eigenschaften wirklich besäßen, so ist es doch unstrittig, daß sie bei ihnen öfter auftreten als bei Nichtrauchern. Die Gesellschaft hat für diese Zusammenhänge offenbar ein recht feines Gespür, und wir sehen in diesen Charakteren einen Extrakt ihrer Wahrnehmungen.

Betrachtet man diese Persönlichkeitszüge im Überblick, so bleibt bei mir der Gesamteindruck zurück, daß Raucher Menschen sind, die *mehr* wollen (genau wie Extravertierte), und bereit sind, dafür so manchen gefährlichen Weg einzuschlagen. Und passenderweise – als wäre das Leben ein Filmdrehbuch – muß eine beträchtliche Anzahl dieser Menschen teuer für den Versuch bezahlen, so nah an die Sonne zu fliegen. Dies trifft nicht nur auf die statistische, sondern auch auf die persönliche Ebene zu. James Dean starb bei einem Autounfall, Humphrey Bogart an Kehlkopfkrebs.

Anders ausgedrückt: Raucher scheinen häufiger in einer Weise *getrieben* zu sein, die Nichtrauchern unbekannt ist. Meiner Meinung nach gilt dies nicht nur für die wilderen Bereiche des Lebens, über die wir gesprochen haben, sondern erstreckt sich auch auf die seriöseren, wie Arbeit und Streben nach Erfolg. Wenn wir die rauchende Bevölkerung statistisch als *Ganzes* betrachten, ist folgendes sicher nicht der Fall: Raucher sind schlechter in der Schule, geraten öfter in Schwierigkeiten, verdienen weniger und so weiter. Ich habe jedoch den Verdacht, daß wir, stellten wir eine willkürliche Liste erfolgreicher Menschen in Amerika zusammen, einen überraschend *hohen* Anteil an Rauchern erhielten. (Oder an Ex-Rauchern; es steht allerdings zu erwarten, daß dieser Effekt mit dem Rückgang des Rauchens schwächer wird.) Wer alles war oder ist Raucher? Wie wäre es, nur für den Anfang, mit Robert Bork,

James Baker, Dick Cheney, Jack Nicholson, Joan Didion, Garrison Keillor, Jacqueline Onassis, Alexander Haig, Leonard Bernstein, Bob Fosse, Sarah Vaughan, Joni Mitchell, Helen Frankenthaler, Ludwig Erhard, Helmut Schmidt, Hildegard Knef, Eberhard Feik, Matthieu Carrière, Ernst Happel und Dragoslav Stepanovic. Ich vermute, daß der Wunsch, etwas zu leisten und zu sein, mit dem Bedürfnis einhergeht, etwas zu fühlen und zu tun.

Abschließend sei bemerkt, daß sich Sozialwissenschaftler vielleicht vergeblich daran versuchen, die Vorstellung, es gebe „den" Raucher, auszumerzen, weil es in diesem Land eine Industrie gibt, die solche Vorstellungen jeden Tag in großem Stil verbreitet. Ihre Werbeanzeigen verbinden Informationspunkte über Rauchen und Persönlichkeit miteinander – ähnlich einer Punkt-zu-Punkt-Strichzeichnung – um uns farbenprächtige Porträts eines Rauchertyps zu präsentieren. Mit dem Camel-Filter-Burschen und dem Virginia-Slims-Mädchen können wir zwei besonders reine Beispiele herausgreifen. Denken Sie zuerst an den Camel-Mann, wie er ganz alleine auf Safari ist, nur eine Coleman-Lampe leistet ihm Gesellschaft. Risikofreudig? Aber sicher! Gesetzesverachtend, abenteuerlustig, sexy, verletzend ehrlich? Natürlich. Und die Virginia-Slims-Frau? Extravertiert, impulsiv, erlebnishungrig und sexy vom Scheitel bis zur Sohle? Sie haben es erfaßt. Diese Bilder sollten unseren Glauben an das, was uns die akademische Forschung über Rauchen und Persönlichkeit gezeigt hat, bestärken. Die geschniegelten Marktforscher sind offenbar auf dieselben Antworten gestoßen wie die hemdsärmeligen akademischen Typen.

12

Die Motivation, die uns vorangeht

Auf dieselbe Weise, wie man durchsichtige Folien auf Landkarten legen kann, um zusätzliche Merkmale eines Geländestücks zu zeigen, haben wir die Konzepte der Verhaltenskonditionierung und der Persönlichkeit auf unsere Beschreibung des Rauchens projiziert, um zu einer vollständigeren Ansicht dieser Gewohnheit zu gelangen. Wir werden dieses Verfahren nun noch einmal, und zwar im Zusammenhang mit einem letzten Konzept, anwenden, ehe wir unsere Untersuchung der Motivationen des Rauchens zum Abschluß bringen.

Der motivierende Faktor, den wir untersuchen wollen, unterscheidet sich von allen anderen bisher besprochenen darin, daß er keine Komponente der menschlichen Willensentscheidung enthält. (Sogar unsere düsterste Vorstellung von Drogenabhängigkeit läßt Raum für die menschliche Wahlfreiheit.) Wir werden hier die Motivation betrachten, die bereits vorhanden ist, ehe wir zu vollständigen menschlichen Wesen geworden sind – die Motivation, die uns vorangeht, wenn Sie so wollen – die Erbanlagen.

Wir sprechen also von der Idee, daß das Rauchen bis zu einem gewissen Grade erblich ist, wie etwa blaue Augen erblich sind. Die Frage muß demzufolge lauten, ob manche Menschen aufgrund ihrer genetischen Anlagen prädisponiert sind, mit dem Rauchen zu beginnen, oder es beizubehalten.

Wissenschaftler, die das Rauchen erforschen, würden diese Frage generell bejahen. Überdies herrscht auch über das Ausmaß, in dem dies zutrifft, eine lockere Einigkeit.

Der gesunde Menschenverstand sagt uns, daß der genetische Einfluß nicht überwältigend groß sein kann. 1964 rauchten 64 Prozent der Männer in den Vereinigten Staaten, gegenüber 32 Prozent der Frauen.[1] Wie wir jedoch gesehen haben, könnten in den neunziger Jahren in diesem Gebiet mehr Frauen als Männer rauchen. Die genetischen Anlagen amerikanischer Männer und Frauen haben sich seit 1964 nicht sehr verändert; was sich verändert hat, ist die Entsprechung zwischen dem Rauchen und der Rolle als Mann oder Frau in den Vereinigten Staaten. Rauchen gilt heute nicht mehr unbedingt als unweiblich und wird vielleicht auch nicht mehr als ausgesprochen männlich angesehen.

Dies vorausgesetzt, wird die Genetik für die Annahme und Aufrechterhaltung der Gewohnheit des Rauchens bedeutsam. Woher wissen wir das? Wie können wir den Einfluß der Erziehung einerseits von dem der Genetik andererseits trennen? Es gibt mehrere, seit langem bekannte Vorgehensweisen, um den Beitrag der Natur von dem der Kultur zu unterscheiden, doch zu den gängigsten gehören die Adoptions- und die Zwillingsforschung.

Obwohl diese Studien im Detail, zum Beispiel was die Mathematik angeht, schrecklich kompliziert sein können, sind sie in ihren Hauptzügen eher schlicht. Bei Adoptionsstudien betrachten Wissenschaftler ein gegebenes Verhalten wie das Rauchen und fragen: Entspricht das Verhalten eines adoptierten Kindes eher dem seiner biologischen Eltern, oder eher dem seiner Adoptiveltern?

Bei Zwillingsstudien lautet die Frage: Sind sich Zwillinge hinsichtlich einer bestimmen Verhaltensweise ähnlicher als andere Geschwister? Und weiterhin, ähnelt sich das Verhalten eineiiger Zwillinge stärker als das zweieiiger Zwillinge? Da sich eineiige Zwillinge aus einer einzigen Eizelle entwickelt haben, besitzen sie identische Erbanlagen, während sich zweieiige Zwillinge genetisch nicht ähnlicher sind als normale Geschwister. Die Frage lautet nun: Wenn eineiige Zwillinge gemeinsam aufwachsen, sind sie sich dann in Bezug auf die Neigung zum Rauchen ähnlicher als gemeinsam aufgewachsene zweieiige Zwillinge? (Wie Wissenschaftler sagen würden: Ist ihr Verhalten konkordanter?) Bestehende Unterschiede in Wesensart und Intelligenz könnten allein schon dadurch aufgehoben werden, daß eineiige Zwillinge vielleicht ähnlicher *behandelt* werden als zweieiige. (Da eineiige Zwillinge im Gegensatz zu zweieiigen stets dasselbe Geschlecht haben, ist dies durchaus denkbar.)

Deshalb werden in einer Abänderung der Vorgehensweise bei Zwillingsstudien die Konkordanzraten von *getrennt* aufgewachsenen eineiigen Zwillingen mit jenen von getrennt aufgewachsenen zweieiigen

Zwillingen verglichen. Wenn wir zu der Erkenntnis gelangen, daß eineiige Zwillinge größere Konkordanzraten als zweieiige aufweisen, ist dies ein deutliches Indiz dafür, daß das in Frage stehende Verhalten unter irgendeinem genetischen Einfluß steht. Je größer der Unterschied in der Konkordanz zwischen eineiigen und zweieiigen Zwillingen ist, um so größer dürfte die genetische Kontrolle sein. Die dahinterstehende Logik versteht sich vermutlich von selbst. Eine Gruppe von Zwillingen besitzt identische Gene, wächst aber in völlig verschiedenen Umgebungen auf; dennoch ist diesen Zwillingen schließlich ein Persönlichkeitszug oder ein Verhalten – Rauchen, Nichtrauchen, Trinken, Fettsucht – in höherem Maße gemeinsam als Zwillingen, die nicht dieselben Gene haben. Was „treibt" die eineiigen Zwillinge zu diesem gemeinsamen Verhalten? Man nimmt an, daß sie durch ihre Gene dafür prädisponiert sind.

1962 untersuchte James Shields das Rauchverhalten bei 42 Paaren getrennt aufgewachsener eineiiger Zwillinge. Von diesen 42 Paaren waren nur neun diskordant – einer der Zwillinge war Raucher, der andere nicht. Dagegen rauchten 18 Zwillingspaare nicht und 15 Paare rauchten. Vergleichen Sie dies mit dem, was man nach den Gesetzen des Zufalls hätte erwarten können: 21 statt neun Paare hätten diskordant sein müssen; zwölf statt 18 Paare hätten darin konkordant sein müssen, nicht zu rauchen, und neun statt 15 Paare darin, zu rauchen. Die Wahrscheinlichkeit für Shields' Ergebnis liegt bei weniger als eins zu tausend[2].

Unser Vertrauen in solche Zahlen wächst jedoch, wenn wir sehen, daß sie durch eine beträchtliche Reihe von Untersuchungen bestätigt werden. John Hughes überprüfte 18 Studien über gemeinsam aufgewachsene Zwillinge und fand heraus, daß die Konkordanzraten im Hinblick auf das Rauchen bei eineiigen Zwillingen konsistent höher waren als bei zweieiigen Zwillingen. Ferner zeigen zwei der drei Studien über getrennt aufgewachsene Zwillinge, die neben jenen von Shields vorliegen, höhere Konkordanzraten für eineiige als für zweieiige Zwillinge.[3]

Die Frage ist nun natürlich: Um wie vieles höher sind diese Raten? Laut Hughes nur um ein bescheidenes Ausmaß: Die Konkordanz nimmt gewöhnlich um etwa fünf bis 15 Prozent zu.

Die einzige Adoptionsstudie, die wir zu diesem Thema haben – sie wurde von Hans Eysenck gemeinsam mit dem Genetiker L. J. Eaves durchgeführt – machte deutlich, daß das Maß, in dem Adoptierte rauchten, mit dem Maß korreliert war, in dem ihre biologischen Eltern rauchten, aber keinerlei Korrelation damit aufwies, wieviel ihre Adoptiveltern rauchten. Hier haben wir also wiederum einen Hinweis auf einen gewissen genetischen Einfluß, aber auch in diesem Fall ist er offenbar nicht besonders groß, da er nur wenig über dem von der Wissenschaft als statistisch signifikant betrachten Wert lag.[4]

Dennoch eröffnen uns diese Unterschiede einige interessante Perspektiven. Eine Gruppe australischer Forscher fand heraus, daß australische eineiige Zwillinge konsistente, signifikant höhere Korrelationen aufwiesen, und zwar nicht nur bezüglich der Aufnahme des Rauchens, sondern auch hinsichtlich des sogenannten „festgelegten Rauchens", was nach ihrer willkürlichen Definition bedeutete, daß jemand seit mindestens zehn Jahren rauchte.

Wir dürfen außerdem annehmen, daß es Frauen schwerer als Männern fällt, das Rauchen aufzugeben. Diese Frage ist zwar noch nicht endgültig entschieden, da die vorliegenden Daten hierzu nicht einheitlich sind, aber wir wissen, daß in den Vereinigten Staaten in der Altersklasse der über Fünfzigjährigen der Prozentsatz *ehemaliger* männlicher Raucher stärker angewachsen ist als der Prozentsatz ehemaliger Raucherinnen.[5]

Dies bestätigten auch die australischen Forscher: Unter den älteren Männern gab es mehr Ex-Raucher als unter den älteren Frauen. Es wurden mehrere Theorien darüber entwickelt, weshalb ein solches Phänomen auftreten könnte, doch die australischen Forscher bieten eine genetische Hypothese an. Vor einigen Jahrzehnten, sagen wir in den fünfziger Jahren, war der soziale Druck gegen das Rauchen auf Frauen stärker als auf Männer. Es steht daher zu vermuten, daß ein recht hoher Anteil der Frauen, die das Rauchen *dennoch* begannen, dafür genetisch prädisponiert war. In den achtziger Jahren schließlich wurde dieser soziale Druck zu einer beide Geschlechter betreffenden Realität, und nun dürften wohl mehr Männer als Frauen fähig gewesen sein, mit dem Rauchen aufzuhören, weil ein kleinerer Anteil der männlichen rauchenden Bevölkerung dafür *genetisch* prädisponiert war.[6] Anders ausgedrückt: Die Gruppe der älteren weiblichen Raucher besitzt einen größeren Kern genetisch prädisponierter Raucher, und diese Menschen haben dann erheblich mehr Schwierigkeiten, das Rauchen aufzugeben, als die Gruppe von Menschen, die aufgrund von Umwelteinflüssen zum Rauchen kam, der eher Männer angehören.

Die Korrelation von Erbanlagen und Drogenmißbrauch ist natürlich heikel, weil der Drogenmißbrauch in dem Maße, in dem Gene tatsächlich dafür verantwortlich gemacht werden können, als Krankheit angesehen werden könnte (wie etwa die Chorea-Huntington), was das Verantwortungsbewußtsein Drogenabhängiger für ihr Verhalten entsprechend verringern würde.

Wir müssen jedoch überlegen, was dies im Lichte unserer Kenntnisse über Erbanlagen und Rauchen bedeutet. Wenn wir sagen, *daß* Gene eine gewisse Kontrolle über das Rauchverhalten ausüben, wissen wir noch lange nicht, *wie* sie diese Kontrolle ausüben. Wir haben hier einen weiteren Fall, in dem sich der Mensch als Blackbox erweist: Wir beobachten, was auf der einen Seite hineingegeben wird (die Gene der Eltern), und wir wissen, was auf der anderen Seite herauskommt (ein gewisser genetischer Einfluß auf das Rauchen), doch wir müssen uns fragen: Welche Prozesse spielen sich *im Inneren* ab? Wie wir leider zugeben müssen, ist die menschliche Blackbox diesbezüglich sehr fest verschlossen.

Welche Aufgabe haben eigentlich Gene? Sie steuern die Produktion einer Gruppe chemischer Arbeiter, die Enzyme genannt werden. Ein Gen ist einfach ein Stück DNA, das die Information eines Enzyms „codiert". Wenn dieses Enzym einmal hergestellt worden ist, macht es sich an die Arbeit und unterstützt weitere chemische Reaktionen im Körper. In der klassischen Darstellung dieses Vorgangs, die inzwischen etwas überholt ist, erzeugt ein einzelnes Gen ein einzelnes Enzym, das eine ganz spezifische Aufgabe hat. Es kann beispielsweise bei der Produktion roter Blutkörperchen helfen, Hautgewebe reparieren oder unzählige andere Dinge bewirken. In diesem Modell verhält sich ein Gen wie eine Art Vorarbeiter, der sagt, „gib mir ein wenig von A, von B, von C ..." und so weiter, in Tausenden von Schritten. Wenn alle diese chemischen Stoffe zusammengebaut sind, ist ein Enzym entstanden, das dann eine bestimmte Aufgabe übernehmen kann.

Anhand dieser Darstellung dürfte wohl klar geworden sein, daß wir über kein Gen in unserem Körper verfügen, das ein Enzym erzeugt, das eine Zigarettenschachtel öffnet, einen Glimmstengel herausholt, das Ding anzündet und so weiter. Der genetische Einfluß muß auf einer höheren Ebene der biologischen Organisation wirksam werden, als das beschriebene Ein-Gen-ein-Enzym-Modell vermuten läßt. Unsere Leber besteht zum Beispiel aus vielen verschiedenen zusammenarbeitenden Zelltypen, die auf diese Weise ein funktionierendes *System* bilden, und wir müssen vermutlich nach einem (oder mehreren) dieser Systeme Ausschau halten, wenn wir den genetischen Ort suchen, von dem aus das Rauchen gesteuert wird. Wenn wir die Literatur zum Rauchen nach Vorschlägen durchsehen, welche Systeme in Betracht kommen, stoßen wir jedoch nur auf wenige Kandidaten, und alle sind in hohem Maße mit Spekulationen verbunden.

Hans Eysenck hat die Auffassung vertreten, daß der Einfluß der Gene teilweise durch die Persönlichkeit offensichtlich wird. Er und andere Wissenschaftler haben eine große Zahl von Forschungsarbeiten vorgelegt, die darauf hinweisen, daß wichtige Persönlichkeitsmerkmale stark von der genetischen Anlage abhängen. Aufgrund von Zwillingsuntersuchungen und anderen Erhebungen scheint unter diesen Wissenschaftlern ein Consensus zu entstehen, daß die Gene für etwa 50 Prozent der Persönlichkeit verantwortlich sind.[7] (Ich füge aber sofort hinzu, daß solche Schlußfolgerungen von Seiten anderer Wissenschaftler starker Kritik ausgesetzt sind.)

Wo im Körper könnte nun dieser genetische Effekt stattfinden? Mit anderen Worten: Über welches körpereigene *System* könnte es den Genen möglich sein, zur Bildung der Persönlichkeit beizutragen? Wir haben festgestellt, daß Introvertierte ein höheres Aktivierungsniveau besitzen als Extravertierte. Außerdem haben wir gesehen, daß allgemeine Aktivierungszustände ausgesprochen stark von einem bestimmten Bereich im Hirnstamm, der Formatio reticularis, gesteuert werden. Könnte es also sein, daß die so erzeugte Intensität der Aktivierung bei Introvertierten und Extravertierten unterschiedlich ist? Falls ja, dann würden wir erwarten, daß sich Introvertierte und Extravertierte in irgendeinem Gen voneinander unterscheiden, das seinerseits in unterschiedlicher Weise auf die Formatio reticularis einwirkt. Trifft dies zu? Niemand hat dafür auch nur einen Anhaltspunkt. Mit anderen Worten: Die Spekulationen über eine ziemlich hohe Stufe der körperlichen Organisation (die Formatio reticularis) sind etwa genauso ergiebig wie die vorhandenen Spekulationen darüber, wie Gene die Persönlichkeit beeinflussen könnten, die ihrerseits wiederum Einfluß auf das Rauchen ausüben.

Doch selbst wenn dieser Zusammenhang besteht, muß das noch nicht viel bedeuten, denn wie wir gesehen haben, scheint die Persönlichkeit das Rauchen gar nicht *so sehr* zu beeinflussen. Wenn wir zu ergründen versuchen, welche genetische Kontrolle über das Rauchen besteht, müssen wir *zusätzlich* zur Persönlichkeit noch nach anderen Zusammenhängen Ausschau halten. Wie steht es zum Beispiel mit genetischen Unterschieden im medialen Vorderhirnbündel? Wie mit genetischen Unterschieden im Stoffwechsel? Wie mit einer genetisch bedingten besonderen Sensitibilität der Lippen?* Damit sollte folgendes klar ge-

---

* Nicht alle genetischen Effekte finden im Körper statt. Wie Thomas Bouchard Jr. und seine Kollegen ausgeführt haben, wird ein aktives kleines Kind von seinen Eltern wahrscheinlich anders behandelt als ein stilles Kind. In dem Maß, in dem das Aktivitätsniveau des Kindes genetisch vorprogrammiert ist, beeinflussen die Gene seine Umwelt – und die Umwelt beeinflußt wiederum das Kind. Dies ist nur ein Beispiel für eine Gen-Umwelt-„Kovarianz“ – für einen denkbaren Mechanismus, der erklärt, wie Gene dazu beitragen, die Persönlichkeit zu formen.[8]

worden sein: Es ist eine beliebige Zahl anderer Systeme denkbar, die das Rauchen möglicherweise beeinflussen, doch wir tappen völlig im dunkeln, welche das sein könnten.

Die Frage des Zusammenhangs zwischen Genen und Drogenmißbrauch ist nicht nur von akademischem Interesse, da sie einen gewissen Einfluß darauf haben könnte, wie jemand, der sich das Rauchen abzugewöhnen versucht, seinen Zustand einschätzt. Er könnte sich fragen: Wer hat hier das Sagen, ich oder die Gene? Angesichts unseres gegenwärtigen Wissens zum Thema Genetik und Rauchen würde ich antworten: Was spielt das für eine Rolle? Das *Verhalten*, das gefordert ist, um das Rauchen aufzugeben, bliebe dasselbe, unabhängig davon, welche Macht die Genetik ausübt; die erforderliche Anstrengung mag allerdings unterschiedlich groß sein. Das Wissen, daß die Gene das Rauchen in bescheidenem Maße beeinflussen, könnte aber auch eine gewisse Hilfe bedeuten: Wenn eine Person glaubt, sie sei ein genetisch determinierter „Typ", und infolgedessen den unterschütterlichen Glauben entwickelt, eine ständige totale Abstinenz sei die einzige sinnvolle Form des Entzugs, hat sie vermutlich recht. Andererseits könnte ein solcher Glaube leicht das Gegenteil davon bewirken und dazu führen, daß ein Mensch zum resignierten Raucher wird.

Ich will damit sagen, daß das Interesse der Bevölkerung am Zusammenhang von Erbanlagen und Drogenmißbrauch von wirklich geringem praktischen Nutzen ist. Wissenschaftler haben dagegen sehr gute Gründe, diese Fragen in der Hoffnung weiterhin im Blick zu behalten, daß wir eines Tages vielleicht genügend Informationen angesammelt haben werden, um etwas damit anfangen zu können. Wie John Hughes ausführte, gibt es an der genetischen Front bei der Vorstellung, Kinder zu identifizieren, die mit größter Wahrscheinlichkeit einmal zu Rauchern werden, eine vage Hoffnung auf praktische Nutzanwendung. (Familienuntersuchungen versprechen einiges auf diesem Gebiet.) Solange wir jedoch nicht wesentlich besser über Gene und Drogenmißbrauch Bescheid wissen, können Menschen wahrscheinlich ebenso gut davon ausgehen, daß ihr Schicksal ganz von ihnen selbst abhängt, und nicht von den Sternen.

13

Hinein in Draculas Gruft und wieder heraus

Warum rauchen Menschen Zigaretten? Auch auf die Gefahr hin, etwas ganz Selbstverständliches zu sagen, lautet die Antwort: Menschen rauchen aus all den Gründen, die wir in diesem Buch diskutiert haben. Nicht bei jedem Raucher werden alle besprochenen Faktoren wirksam, doch alle Raucher werden von einigen dieser Dinge motiviert sein. Wir sind also auf induktive Weise von besonderen Motivationen – den Genen, der Verhaltenskonditionierung, der biologischen Belohnung – ausgegangen, um zu einem allgemeinen, anscheinend harmlosen Schluß zu gelangen: Menschen rauchen aus den unterschiedlichsten Gründen, und jeder dieser Gründe trägt etwas zur Motivation des Rauchers bei. Zusammengenommen reichen diese Motivationen aus, damit Menschen diese zerstörerische, törichte Gewohnheit beibehalten.

Entscheidend ist hier jedoch der Ausdruck „beibehalten". Es ist natürlich klar, daß die Vorteile, die das Nikotin bieten mag, erst eintreten können, wenn der Raucher seine erste Zigarette anzündet. Wir haben einige der Gründe, warum Menschen (genauer: Jugendliche und sehr junge Erwachsene) sich diese erste Zigarette anstecken, lediglich kurz gestreift. Ebenso haben wir den zweiten Aspekt dieser Frage kaum angesprochen, nämlich, warum manche Menschen, die sich das Rauchen abzugewöhnen versuchen, einen Rückfall erleiden, und andere nicht. (Dieses Thema wird jedoch bis zu einem gewissen Grad im Anhang besprochen.) Nun sind dies zwar höchst wichtige Themen, doch ich habe mich entschlossen, sie nicht weiter zu verfolgen, weil sie im

Grunde eigenständige wissenschaftliche Gebiete darstellen und weil das, was wir außer ihnen betrachtet haben, gewichtig genug ist.

Der Kern dessen, was ich zu den Gründen für das Rauchen vorgebracht habe, ist bemerkenswert, weil er keine übergreifende Motivationstheorie des Rauchens enthält – keine Theorie jedenfalls, die über das hinausgeht, was ich anfangs gesagt habe: Daß Menschen in erster Linie rauchen, um ihrem Körper Nikotin zu zuführen. Wenn das Nikotin einmal im menschlichen Blutkreislauf zu zirkulieren begonnen hat, gibt es vermutlich so viele mögliche Reaktionen darauf, wie es Raucher gibt. Jede Theorie, die diese Vielfalt umfassen würde, wäre zwangsläufig so ausufernd, daß wir auf sie verzichten können.

Wir könnten es dabei belassen, wäre da nicht folgendes: Was wir über die Anreize zum Rauchen wissen, läßt sich offenbar auch in einige übergreifende Theorien zum Drogengebrauch einbringen. Solche Theorien existieren nämlich, und sie besitzen in der Gesellschaft eine gewisse Geltung. Ich würde gerne mit unseren Erkenntnissen über das Rauchen meinen bescheidenen Beitrag zu dieser Diskussion leisten. Zudem wird die Betrachtung dieser Theorien unser Verständnis vom Rauchen sicher bereichern. Schließlich kann dies alles auch Auswirkungen auf den sozialpolitischen Umgang mit dem Drogenproblem haben.

Wir haben in diesem Buch den Ausdruck „Sucht" verwendet, um die *Summe* all jener Phänomene zu bezeichnen, die zusammen das zwanghafte Verhalten namens Rauchen hervorrufen. Unser Suchtkonzept umfaßt also Komponenten der körperlichen Abhängigkeit und der Verhaltenskonditionierung, aber auch den Wunsch, die Leistungsverbesserungen nicht wieder einzubüßen, die das Nikotin offenbar bewirken kann.

Wie wir zu Beginn angemerkt haben, unterscheidet sich diese Auffassung von Sucht von der Ansicht des Durchschnittsmenschen (ein wenig Zuckerbrot, viel Peitsche). Um dies hier etwas breiter auszuführen: Amerikaner haben im Grunde zwei Suchtmodelle im Kopf. Das eine betrifft den Alkohol, das andere Drogen wie Heroin.

Das Alkoholismus-Modell ist eigentlich ein *Alkoholkrankheits*-Modell und sieht etwa so aus: Die meisten Menschen können nach Belieben Alkohol trinken oder ihn verschmähen; eine kleine Minderheit von Trinkern ist jedoch für die Krankheit Alkoholismus prädisponiert – so wie eine kleine Minderheit dafür prädisponiert ist, in jungen Jahren einen Herzanfall zu erleiden. Wenn Menschen aus dieser gefährdeten Gruppe einmal zu trinken begonnen haben, werden sie unweigerlich zu Alkoholikern, weil sie sich dann nicht mehr im Griff haben.

Im Falle des Heroins sieht das Modell ein wenig anders aus. Es nimmt an, daß *jeder*, wenn er nur oft genug mit Heroin in Berührung kommt, süchtig wird. Dabei muß keine „Krankheit" angenommen werden. Die Droge selbst ist nach dieser Auffassung stark genug, um jeden, der sie häufig konsumiert, bis zur Süchtigkeit abhängig zu machen. Wenn ein Mensch einmal den „Suchtzustand" erreicht hatte, bleibt er nach dieser Auffassung sein Leben lang gefährdet, in den Heroinmißbrauch zurückzufallen; als ob er sich einmal Malaria zugezogen hätte und nun zu weiteren Anfällen neigt. Vermutlich könnten wir verschiedene opiatähnliche verschreibungspflichtige Drogen und das Nikotin ebenfalls mit diesem Modell erfassen.

Es gibt jedoch noch eine andere, aus der Arbeit einiger Autoren und Forscher erwachsene Theorie, die, wie ich finde, vernünftigerweise diese Auffassungen ablehnt und folgende Ideen an ihre Stelle setzt: Erstens ist es dem Menschen möglich, alle Suchtformen weitgehend unter seine Kontrolle zu bringen, und es ist mehr als nutzlos, die Sucht als Krankheit zu betrachten. Zweitens ist Sucht ein Begriff, der sich nicht nur auf den Gebrauch von Drogen, sondern auch auf viele Arten von zwanghaftem Verhalten anwenden läßt – beispielsweise auf Glückspiel und auf zwanghaftes Essen. Außerdem unterscheiden sich psychoaktive Substanzen wie Heroin und Alkohol wirklich nur wenig voneinander, was ihre Fähigkeit anbelangt, eine beherrschende Rolle im Leben eines Menschen zu spielen. Das Problem sind nach dieser Auffassung nicht so sehr die *Drogen*, die Menschen nehmen; manche Substanzen sind für Menschen attraktiver als andere, aber keine Substanz ist ihrem Wesen nach suchterzeugend. Das wirkliche Problem besteht vielmehr darin, daß manche Menschen, beeinflußt von ihrer Umwelt, dahin kommen, daß sie »durch Abhängigkeiten mit der Welt in Beziehung zu treten«, wie der Suchttheoretiker Stanton Peele es ausdrückt.

Meiner Meinung nach vermittelt diese Position tiefe Einsichten, doch sie geht etwas zu weit. Ich möchte hier den Standpunkt vertreten, daß es zwar keine dunkle Höhle gibt, die man Sucht nennt, und deren einziges Eingangstor der Drogenmißbrauch ist, daß aber unter den vielen Formen zwanghaften Verhaltens, bestimmte Formen der Drogensucht die verbreitetsten und anhaltendsten zu sein scheinen, die wir kennen. Zweitens *sind* manche Substanzen ihrem Wesen nach suchterzeugend – nicht für jeden Menschen, aber vorhersagbarerweise für große Teile der Bevölkerung. Dabei spielt auch die Biologie eine Rolle; Drogensucht läßt sich nicht auf ein Wechselspiel zwischen Selbst und Umwelt reduzieren.

Für den Durchschnittsleser ist vielleicht nicht einzusehen, warum übermäßiges Essen in einem Atemzug mit Kokainsucht genannt zu werden verdient, und ich muß zugegeben, daß dies im ersten Moment wie eine Art New-age-Psychogerede klingt. Um jedoch die Bedeutung dieser Ansicht verstehen zu können, müssen wir uns zuerst die beiden üblichen Auffassungen von Sucht vor Augen führen, über die wir bereits gesprochen haben.

Erstens: Alkoholismus als Krankheit. Wird er als solche angesehen? Meiner Ansicht nach kann keiner, der in den letzten Jahren in den Vereinigten Staaten mehr als zwei Talkshows gesehen hat, daran zweifeln, daß dies der vorherrschende Glaube ist. Wenn Sie aber einen quantitativen Beweis wünschen, denken Sie daran, daß rund 80 Prozent der Amerikaner, die 1982 an einer Meinungsumfrage teilnahmen, glaubten, er sei eine Krankheit.[1] Die Anonymen Alkoholiker drücken es wie folgt aus: »Alkoholismus ist eine Krankheit, die sich hauptsächlich im unbeherrschbaren Trinken des Opfers – dem Alkoholismus – manifestiert.«[2]

Nun gut, aber welche Art von Krankheit ist das? Wie wird sie korrekt eingestuft? Um eine konventionellere Krankheit als Beispiel zu nehmen: Diabetes mellitus hat eine Ursache (es wird zu wenig Insulin produziert) und eine Wirkung (es gelangt nicht genug Glucose in die Zellen, was zu Gewichtsverlust, Dehydrierung und so weiter führt). Wenn wir dieses Modell auf den Alkohol anwenden, könnten wir fragen: *Worin* besteht die Krankheit? Zwar ist die Wissenschaft auf einige interessante körperliche Unterschiede zwischen manchen Alkoholikern und Nichtalkoholikern gestoßen, doch bis jetzt wurde noch nichts entdeckt, das uns zu dem Glauben veranlassen könnte, daß sich Alkoholiker körperlich in zwei entscheidenden Punkten von der übrigen Bevölkerung unterscheiden: im Verlangen nach Alkohol und im Kontrollverlust. Daß solche Unterschiede existieren, wurde allein schon deshalb *angenommen*, weil eine kleine Minderheit von Trinkern in pathologischem Maße trinkt. Zu dieser Annahme trug außerdem bei, daß einige überzeugende Beweise für eine Verbindung zwischen Erbanlagen und Alkoholismus vorliegen.

Wenn wir sagen, daß keine körperliche Ursache für Alkoholismus gefunden werden konnte, heißt dies natürlich noch nicht, daß keine existiert. Das ganze Krankheitsmodell wird jedoch unhaltbar, wenn Alkoholiker tatsächlich nicht an der angenommenen Folge ihrer Krankheit – dem Verlust der Kontrolle über ihr Trinken – leiden. Der Philosophieprofessor Herbert Fingarette von der University of California hat vor kurzem ein Buch geschrieben, in dem er Belege dafür zusammenträgt, daß sich Alkoholiker in dieser Hinsicht nicht vom Durchschnittstrinker unterscheiden.

Verlust der Kontrolle? In *Heavy Drinking* zitiert Fingarette den langjährigen Alkoholforscher Mark Keller zu der „Einen-Drink-von-einem-Betrunkenen-entfernt“-Hypothese:

> »Das Faszinierende an diesem Slogan ist, daß fast alle Alkoholiker, die ich kenne, einschließlich jener, die diesen Slogan mit aller Bestimmtheit verkünden, mir erzählt haben, daß sie sogar während des schwersten Stadiums ihres aktiven Alkoholismus bei vielen Gelegenheiten einen Drink oder zwei oder drei nahmen und dann mit dem Trinken aufhören konnten, bis sie bei einer anderen Gelegenheit, Tage oder Wochen später, nicht damit aufhören konnten. Manche waren in der Lage über Tage oder Wochen täglich einen oder zwei Drinks zu nehmen, ohne in hemmungsloses Trinken zu verfallen.«[3]

Fingarette zitiert eine Reihe von Untersuchungen, die darlegen, daß Alkoholiker ihr Trinken tatsächlich kontrollieren können, wenn dies in ihrem Interesse liegt. (Sie beherrschen sich sogar in Fällen, in denen sie mit einer Dosis Alkohol für weitere Drinks „empfänglich“ gemacht wurden.)

Nicht überzeugender sind nach Fingarette die Beweise, wonach Alkoholiker zwischen ihren Trinkexzessen ein unwiderstehliches Verlangen nach Alkohol haben.

> »Auch wenn einige Trinker berichten, sie hätten während des Entzugs ein Verlangen nach Alkohol gehabt, zeigen klinische Beobachtungen, daß chronische Trinker diesem Verlangen oft widerstehen und nichts oder nur mäßig trinken, selbst wenn sie unter Entzugserscheinungen leiden.«[4]

Fingarette stellt das gesamte klassische Konzept des „Alkoholismus“ in Frage und geht dabei so weit, daß er den Begriff gänzlich vermeidet und einen Ausdruck vorzieht, den er für treffender hält: starkes Trinken. Es ist nicht notwendig, alle seine Ansichten zu teilen, um zu bewundern, was er zur Entkräftung der äußerst fragwürdigen Auffassung vom Alkoholismus als einer Krankheit beigetragen hat.

Für unsere Zwecke eignet sich das gängige Konzept der Opiatsucht besser. Hier müssen wir nicht fieberhaft nach Krankheitssymptomen suchen; die überwältigende Macht dieser Drogen allein genügt hierbei, um jeden Menschen, der mit ihnen häufig in Berührung kommt, süchtig zu machen. Eine gute Metapher sind hierfür die *Dracula*-Filme mit Bela Lugosi aus den dreißiger Jahren. Erinnern Sie sich an Draculas Diener Renfield? Ehe er Dracula begegnete, war er eine Art harmloser Kauz, doch einmal gebissen, muß er Draculas Gebote sklavisch befolgen. (»Meister! Meister!«) Er tut dies offenbar nicht *freiwillig*, doch er tut es, weil sich die Vampirzähne so tief in seinen Hals gebohrt haben. Etwas von der Angst, die durch diese Filme hervorgerufen wurde – und durch unsere Vorstellungen vom Heroin –, besteht darin, daß *jeder* von uns gebissen werden könnte, womit es mit unserem Leben als autonomes Wesen vorbei wäre.

Das Problem bei dieser Vorstellung, zumindest im Zusammenhang mit dem Gebrauch harter Drogen, ist, daß sie nicht der Wirklichkeit entspricht. Eine große Zahl von Forschungsarbeiten legt dar, *wie* falsch sie ist, und dabei sind zwei Argumente so zwingend, daß sie überzeugen sollten.

Was die Hypothese betrifft, wonach man, einmal gebissen, für immer zum Sklaven werde, so gibt es ständig ganze Populationen von Menschen, denen suchterzeugende Drogen in großen Mengen über einen beträchtlichen Zeitraum verabreicht werden, und die anschließend trotzdem kein anhaltendes Interesse an diesen Drogen zeigen. Gemeint sind Krankenhauspatienten: Wie immer wieder nachgewiesen wurde, entwickeln sie im Laufe der Zeit keinen zunehmenden Appetit auf Drogen, sondern eher Gleichgültigkeit ihnen gegenüber. Um nur ein Beispiel herauszugreifen: Jane Porter und Hershel Jick vom Boston University Medical Center führten Nachuntersuchungen an 11882 Patienten durch, die Narkotika gegen Schmerzen erhalten hatten, welche aufgrund gesundheitlicher Probleme aufgetreten waren. Aus dieser Gruppe mißbrauchten in der Folge nur *vier* Personen Drogen, und nur in einem Fall wurde der Mißbrauch als schwerwiegend angesehen.[5]

Auf der Straße muß das nicht unbedingt so viel anders aussehen. Eines der drei oder vier bekanntesten Forschungsprojekte im Zusammenhang mit Heroin wurde in den siebziger Jahren von Lee Robins und ihren Kollegen an der Washington University durchgeführt. Robins befragte Kriegsveteranen, die 1971 aus Vietnam zurückkehrten. Nur zwei Prozent davon hatten vor dem Kriegsdienst Heroin versucht, doch etwa ein Drittel davon nahm in Vietnam Heroin; die meisten Soldaten, die Narkotika benutzten, taten dies wiederholt und über eine lange Zeit. Als jene, die Narkotika nicht nur genommen hatten, sondern danach *süchtig* geworden waren, jedoch in die Vereinigten Staaten zurückkehrten, konsumierte dort nur noch die Hälfte von ihnen gelegentlich Heroin, und nur 14 Prozent wurden erneut abhängig. Daraus können wir offensichtlich folgende Lehren ziehen: Erstens trifft es nicht zu, daß eine Heroinsucht unvermeidlich fortdauern muß, wenn sie einmal angefangen hat; zweitens hatte das Umfeld, in dem sich diese Veteranen bewegten, großen Einfluß auf ihr Verhalten; und drittens ist es durchaus möglich, sich gelegentlich Heroin zu spritzen, ohne süchtig zu werden.[6]

Zu diesem letzten Punkt liegen Ergebnisse von Forschern vor, die für den Drug Abuse Council of Washington, D.C arbeiteten. 1972 befragten sie 54 Personen, die seit zwischen zwei bis 23 Jahren ab und zu Narkotika nahmen. Niemand war in kriminelle Machenschaften (außer dem Drogengebrauch selbst) verwickelt; alle übten einen Beruf aus oder waren Studenten, und alle waren aktiv in soziale Gruppen eingegliedert, die keine Verbindung zu Drogen besaßen. Eine dieser Personen war ein 33jähriger Sozialarbeiter, der mit seiner Frau und seinen Freunden an Wochenenden Hustensirup und das abhängig machende Hypnotikum Doriden einnahm. Die Forscher beschreiben, wie diese Gruppe die Drogen benutzte:

> »Mr. E's Wochenendeuphorien verlaufen praktisch alle gleich. Am Freitag abend nach dem Essen treffen er und seine Frau sich mit drei anderen Paaren, die an diesem Ritual teilnehmen. Sie gehen zu ihren jeweiligen Apotheken, erhalten ihre Drogen, treffen sich wieder bei jemandem zuhause und nehmen ihre Drogen ein. Während sich die Wirkung einstellt, entscheiden sie, ob sie kegeln, ins Kino gehen oder einfach nur dasitzen und Musik hören wollen. Die Routine läuft so präzise ab, daß Mr. E auf die Frage, warum nicht einer von ihnen die Drogen für alle besorge, einfach antwortete, „Das haben wir noch nie getan."«[7]

Wo finden wir nun aber die schmutzigen Drogenhöhlen, die zerstörten Leben, die gequälten Seelen? (Sie gehen zum Kegeln.) Wir können hier natürlich erkennen, daß der Gebrauch suchterzeugender Drogen keinem verhängnisvollen Kurs folgt. Je nach den beteiligten Individuen, kann er sehr verschieden aussehen.

Wenn man diese Ergebnisse anerkennt, muß man auch der Meinung zustimmen, daß Phänomene wie starkes Trinken oder der Gebrauch suchterzeugender Drogen sich in hohem Maße unter menschliche Kontrolle bringen lassen. Autoren wie Herbert Fingarette oder Stanton Peele haben jedoch nicht nur das Ziel, starre und angreifbare Theorien über Alkohol- und Drogensucht zu widerlegen; sie sind einem größeren Wild auf der Spur. Für Fingarette bleibt, wenn der blaue Dunst um die Vorstellung von Alkoholismus einmal vertrieben ist, wirklich nichts mehr übrig, das außerhalb des Normalen läge. Was ist Alkoholismus? Fingarette schreibt:

> »Die breite Interpretation, die am besten zu den Fakten paßt, ist die, daß starke Trinker Menschen sind, für die das Trinken eine zentrale Handlung innerhalb ihrer Art zu leben geworden ist. Unter einer „zentralen Handlung" verstehe ich alle möglichen Handlungsschwerpunkte (Beruf, Religionsausübung, ernsthaftes Hobby, die Rolle in der Familie oder Gemeinschaft), die zu einem gewissen Teil die Identität, die Werte, die Handlungsweise und die Lebensentscheidungen einer Person definieren und inspirieren.«[8]

Weil eine gegebene zentrale Aktivität dysfunktionell ist, muß das nicht heißen, daß sie nicht die entscheidende Rolle annehmen kann, die bei anderen Menschen produktivere Aktivitäten übernehmen. Wir alle tun selbstzerstörerische Dinge, teilweise als Reaktion auf die Belastungen, denen wir ausgesetzt sind, lautet sein Argument; starkes Trinken ist einfach ein bedeutungsvoller, wenn auch pathologischer Versuch von Trinkern, mit ihrem Leben fertigzuwerden. Angesichts von Langeweile, Depressionen, Sorgen, häuslichen Problemen – all jener Schwierigkeiten, die zu einem menschlichen Leben gehören – wird sich die eine Person gewohnheitsmäßig in die Arbeit stürzen, die andere wird lethargisch, und eine dritte wird sich betrinken. Wenn diese Hinwendung zum Alkohol oft genug erfolgt, gilt die Person als Alkoholiker. Zu dem Zeitpunkt, da starke Trinker in dieser Verfassung sind, sagt Fingarette, organisieren sie ihr Leben bereits um die zentrale Handlung des Trinkens; sie meiden die Gesellschaft von Nichttrinkern und suchen nach Gelegenheiten zum Trinken. Sie beurteilen die Welt danach, ob sie das Trinken behindert oder erleichtert. Menschen kommen durch eine Unzahl verschiedener Faktoren in diese Lage, doch weil diese Faktoren zu *einem einzigen* Verhalten führen – dem exzessiven Trinken –, hat man angenommen, daß Alkoholismus, wie Windpocken, auch nur eine einzige Ursache habe, und ihn folglich als Krankheit bezeichnet.

Stanton Peele dürfte die meisten Ansichten Fingarettes über den Ausverkauf der Krankheitstheorie des Alkoholismus unterstützen, und er stimmt mit der oben skizzierten Ansicht überein, daß der Gebrauch harter Drogen ein komplexes Phänomen ist, das von Individuum zu Individuum stark variiert. Demzufolge gibt es bei der Sucht weder ein Entweder/oder wie bei einer Schwangerschaft, noch tritt sie zwangsläufig nach einem Kontakt mit Drogen als dauerhafter oder auch nur notwendigerweise langfristiger Zustand auf. Wenn wir also das Konzept der Drogensucht aus Draculas Gruft herausholen, beginnen wir zu sehen, daß sie sich vielleicht nicht so sehr von anderen Arten zwanghaften Verhaltens unterscheidet, und genau dies ist Peeles Standpunkt. Er schreibt:

> »Daß man nach einer ganzen Reihe von Objekten süchtig werden kann, wozu auch ganz gewöhnliche Tätigkeiten zählen, macht deutlich, daß keine Betätigung und kein Objekt an sich suchterzeugend ist. Vielmehr werden Menschen aufgrund einer Kombination von sozialen und kulturellen, situationsabhängigen, persönlichkeitsbezogenen- und entwicklungsbedingten Faktoren nach einem gegebenen Verhalten süchtig.«[9]

Was könnte sonst noch mit Fug und Recht unter den Begriff Sucht gefaßt werden? Deutliche Anzeichen eines dysfunktionellen Zwangsverhaltens wurden von Läufern gezeigt (und zwar von jenen, die diesen Sport wiederholt bis zum körperlichen Zusammenbruch betreiben), weiterhin von exzessiven Essern und Spielern, um nur einige Beispiele zu nennen.

Das meiste an Peeles Auffassung erscheint mir vollkommen vernünftig. Kann jemand ernstlich bezweifeln, daß es pathologische Zwänge gibt, die nichts mit Drogen zu tun haben? Wenn es, wie ich dargelegt habe, töricht ist, Drogensucht für einen vorhersagbaren und rein körperlichen Prozeß zu halten, wo verläuft dann die Grenze, die Drogensucht von anderen Suchtformen trennt?

Die Schule von Forschern, über die wir gesprochen haben, würde sagen, daß es keine solche Grenze gibt, und ich stimme zu, daß die verschiedenen Zwänge nicht unbedingt als getrennte Kategorien behandelt werden sollten: Drogensucht auf der einen, alles übrige auf der anderen Seite.

Dennoch erscheint es mir wichtig, ein Argument zurückzuweisen, das Peele mit Nachdruck vertreten hat: Daß keine Substanz (oder kein „Objekt“) an sich suchterzeugend ist. Hätte er gesagt, daß keine Substanz ihrem Wesen nach *für jeden Menschen* suchterzeugend ist, dann, glaube ich, hätte er den Kern getroffen. Doch es ist eine geschichtliche Tatsache, daß manche Substanzen für große Teile der Bevölkerung *unvermeidlich* suchterzeugend sind.

Mutter Nikotin ist hierfür das beste Beispiel. Jede Gesellschaft, die mit Tabak in Berührung kam, hat ihn begierig angenommen. Mir wäre seit der Zeit von Kolumbus keine Ausnahme von dieser Regel bekannt (wenn ihn auch einige Gesellschaften schneller annahmen als andere). Bestimmte Gesellschaftsgruppen – beispielsweise die Mormonen in den Vereinigten Staaten – mögen erfolgreich nikotinfreie Enklaven schaffen, doch sie tun dies ausnahmslos in isolierten Nischen, die von einer größeren rauchenden Gesellschaft umgeben sind.

Es ist hilfreich, sich daran zu erinnern, daß der so weit verbreitete *Gebrauch* von Tabak fast gleichbedeutend ist mit der *Sucht* nach Tabak: Wenigstens 90 Prozent aller Raucher sind nicht mehr imstande, an einem Tag Tabak zu rauchen und es am nächsten bleiben zu lassen.

Der Alkohol ist ein weiteres Beispiel. Wir haben gesehen, daß schon in der römischen Antike Fälle von Alkoholmißbrauch bekannt waren, und natürlich hat es solche Fälle auch seither immer gegeben. Das Ausmaß dieses Mißbrauchs unterlag in den verschiedenen Kulturen und Zeitperioden zwar einem Wandel, doch die menschliche Sucht nach Alkohol ist uns bis heute erhalten geblieben.

Dagegen sind Kokain und Morphium so etwas wie Neueinsteiger in dieses Spiel, und ihr Gebrauch (oder Mißbrauch) ist viel weniger verbreitet als der von Nikotin und Alkohol. Wenn man sich an der Geschichte orientiert – statt an Ereignissen der Gegenwart – könnte man sagen, daß diese Drogen über ein viel niedrigeres Suchtpotential als Nikotin und Alkohol verfügen, da sie an manchen Orten und zu gewissen Zeiten so gut wie überhaupt nicht mißbräuchlich verwendet wurden. (In den vierziger Jahren war Kokain in den Vereinigten Staaten nur einigen wenigen Bonvivants und Lebedamen bekannt.) Dennoch läßt sich eine ununterbrochene Suchtlinie, wie dünn auch immer, von der Zeit, als diese Drogen erstmals synthetisch hergestellt wurden, bis in unsere Gegenwart verfolgen.

Wir können der Frage, wie suchterzeugend manche Substanzen wahrscheinlich sind, eine andere Perspektive abgewinnen, wenn wir die *heutige* Gesellschaft betrachten und ihre Drogensüchte mit anderen, von Drogen unabhängigen zwanghaften Verhaltensweisen vergleichen.

Wie zu erwarten, liegt das Nikotin an der Spitze dieser Parade. 27 Prozent der erwachsenen amerikanischen Bevölkerung rauchen, und dies ist eine der niedrigeren Raten in westlichen Gesellschaften. (In der BRD sind es 28,5 Prozent der über 15jährigen.)

Wenn wir uns einer anderen Droge, dem Alkohol, zuwenden, sind die Zahlen für den Mißbrauch zwar viel kleiner, aber immer noch beunruhigend. Nach einer eher konservativen Schätzung könnte man zwischen fünf und zehn Prozent aller erwachsenen amerikanischen Männer während eines Teiles ihres Lebens zu Recht als Alkoholiker bezeichnen.[10] Erwartungsgemäß fällt die Alkoholismusrate für Frauen geringer aus, nach einer groben Schätzung ist sie vielleicht halb so hoch.

Nachdem wir nun diese Zahlen gesehen haben, stellt sich uns die Frage: Wie häufig treten diese Suchtformen im Vergleich zu anderen, nicht an Drogen gebundene Arten zwanghaften Verhaltens auf?

Wie steht es mit Glücksspielen? Schätzungen aus England und den Vereinigten Staaten besagen, daß zwischen 0,2 und einem Prozent der Bevölkerung zwanghaft spielt.[11] Magersucht? An ihr leiden etwa 0,5 Prozent der Bevölkerung. Die Zahl für Eßsüchtige mag in der Größenordnung von zwei Prozent liegen.[12]

Dazu, daß die Sucht nach sportlicher Betätigung überhand nehmen könnte, scheinen keine wissenschaftlichen Schätzungen vorzuliegen, doch eine Autorität auf dem Gebiet des Laufens schätzt, daß es in den Vereinigten Staaten 2,5 Millionen süchtige Läufer gibt.[13] Das Laufen ist die Sportart, deren Beziehung zur Sucht bei weitem am besten untersucht worden ist; für den Zwang, *andere* Formen des körperlichen Trainings zu betreiben, scheinen keinerlei Angaben zu existieren. Wenn wir jedoch einfach raten und die Zahl der süchtigen Läufer verdoppeln, um jene Menschen zu erfassen, die nach Schwimmen, Aerobik und so weiter süchtig sind, so müßten etwa zwei Prozent der amerikanischen Bevölkerung nach körperlichem Training süchtig sein.

Die Liste der möglichen drogenunabhängigen Suchtformen ist natürlich endlos; wenn wir bereit wären, den Begriff „Sucht" bis zur Bedeutungslosigkeit auszudehnen (Fernsehen? exzessives Schlafen?), könnten wir wahrscheinlich für einige dieser dann suchtrelevanten Praktiken zu ähnlichen Zahlen gelangen, wie wir sie für Drogenabhängigkeit aufgestellt haben. Doch wenn wir die Zwänge betrachten, die ich besprochen habe, ist offensichtlich, daß von allen *zusammen* wahrscheinlich nicht so viele Menschen betroffen sind wie vom Alkoholismus, und unter Alkoholismus leiden, wie wir gesehen haben, viermal weniger Menschen als tabaksüchtig sind. Zu diesen beiden chemischen Abhängigkeiten könnten wir nun noch die erheblich kleineren Zahlen für Kokain, Heroin und all die übrigen Drogen addieren.

Alles in allem gibt es also gewisse Drogen, die sich für die Spezie Mensch als sehr anziehend erwiesen haben – zu allen Zeiten, durch alle Kulturen, und, zumindest in der heutigen Welt, im Vergleich mit anderen zwanghaften Suchtformen.

Wir erkennen allmählich, daß die Biologie dabei eine Rolle spielt. Welcher große Unterschied besteht zwischen Drogensüchten und anderen Süchten? Drogen haben, im Gegensatz zu drogenunabhängigen Zwängen, *direkte* biologische Auswirkungen. Die Anziehungskraft einer Droge wie Nikotin scheint sich durch alle Kulturen und durch alle Zeiten zu ziehen; daraus könnten wir ableiten, daß das Nikotin seine

Anziehungskraft aus den Auswirkungen auf das eine Ding bezieht, das allen menschlichen Kulturen gemeinsam ist: den menschlichen Körper.

Das mag offensichtlich sein, bis wir uns klar machen, daß es eine Denkschule gibt, die alle Auffassungen von „biologischem Determinismus" bei Drogenmißbrauch rigoros ablehnt. Was ist, von diesem Standpunkt aus betrachtet, verantwortlich für den Drogenmißbrauch? Die Lebensumstände eines Individuums, sein Temperament, seine psychologischen Wunden und die Bedeutung, die es seiner Sucht allmählich zuweist.

Alle diese Behauptungen kann ich absegnen; sie sind stichhaltig. Ich würde die dazugehörige Argumentation so zusammenfassen: Wenn die Drogensucht eine Art Abkommen zwischen Selbst und Substanz verlangt, dann tragen die Individuen mindestens so viel zur Sucht bei wie die Drogen.

Zweifellos beeinflussen Umwelt und soziale Klasse den Drogenmißbrauch. Viele Suchtformen enthalten eine starke Komponente von Pessimismus, negativem Selbstbild und negativen Zukunftsvorstellungen. Darauf wies Stanton Peele hin, als er den Psychologen Isidor Chein zitierte, der über einen Heroinabhängigen von der Straße berichtete, den Chein und seine Mitarbeiter betreuten und untersuchten.

> »Anders als andere konnte er keine Laufbahn, Karriere oder sinnvolle und anhaltende Tätigkeit finden, um die herum er sein Leben hätte aufbauen können. Er verließ sich statt dessen auf die Sucht als jene Bestimmung, aus der ein einigermaßen erfülltes Leben und eine Identität, wenn auch eine negative, erwachsen sollte.«[14]

Der Kern dieses Arguments in Bezug auf Drogen ist, daß Menschen, die süchtig werden, kein ausreichend erfülltes Leben *fernab* von Drogen haben, das sie dazu veranlassen könnte, auf diese Substanzen zu verzichten. Dies ist natürlich unbestritten. Ist es ein Zufall, daß Heroin und Crack wie Abwasser durch die hoffnungslosen Straßen der Ghettos von Amerika fließen, während die Menschen, die oben auf den Hügeln leben, kaum davon betroffen sind? Die 11000 Krankenhauspatienten, von denen wir früher sprachen – die nicht mehr zu Drogen griffen, nachdem ihre Krankheit geheilt war –, taten dies teilweise deshalb, weil sie ein Leben hatten, zu dem zurückzukehren es sich lohnte.

Es gibt ein weiteres glaubhaftes Person/Umfeld-Argument, das wir als Investition von Teilen des Selbst in die Droge bezeichnen könnten.

Süchtige glauben mit der Zeit an den Stoff, den sie verwenden; sie glauben an seine Macht, und dieses Loblied beeinflußt schließlich ihr Verhalten.

Wir können dieses Phänomen bei dem Trinker sehen, der seinen Alkoholkonsum als Ausrede benutzt, wenn er laut und unangenehm wird, oder bei dem Kokainabhängigen, der sich sexuell unersättlich „glaubt", wenn er einige Prisen geschnupft hat. Menschen weisen den Substanzen, die sie benutzen, Bedeutungen zu. Mit diesen Substanzen werden sie so, wie schon immer gern sein wollten. Und die „Macht", welche die Droge über sie besitzt, bestärkt sie darin, diesen selbsterfundenen Weg immer weiter zu gehen; Süchtige nehmen an, daß sie *ohne* die Droge nicht sein können, was sie sein wollen.

Ich glaube, daß wir in solchen motivationbezogenen Faktoren Konzepte erkennen können, die sehr viel zur Erklärung des Drogenmißbrauchs beitragen. Wenngleich diese Dinge wichtig sind, so müssen wir doch darauf achten, das Kind nicht mit dem Bade auszuschütten. Wir müssen erkennen, daß die Substanzen selbst bedeutsam sind: Einige Substanzen sind tatsächlich *in sich selbst* belohnend (oder in ihrer Abwesenheit bestrafend), ohne daß die Idee der Investition des Selbst oder auf Probl̂eme im persönlichen Umfeld zurückgegriffen werden müßte.

Woher wissen wir das? Tiere investieren vermutlich nichts von ihrem Selbst in das Kokain, und doch betätigen sie dafür zeitlebens Hebel. Die Raucher in den früher besprochenen NIDA-Experimenten wußten nicht, welche Droge sie intravenös verabreicht bekamen, doch wenn es Nikotin war, drückten sie in schönen, regelmäßigen Intervallen den Hebel herunter und versorgten sich somit auf höchst kontrollierte Weise. Wenn aber ohne ihr Wissen plötzlich eine Salzlösung durch den Schlauch lief, wurde ihr Hebeldrücken unregelmäßig und immer seltener. Die mehrfach Drogenabhängigen in dem NIDA-Experiment hatten keine Ahnung davon, welche Drogen sie jeweils erhielten, aber wie sich herausstellte, waren die Drogen, die sie mochten, genau diejenigen, die auch Menschen draußen in der wirklichen Welt bevorzugt verwenden.

Daß manche Substanzen ein Suchtpotential besitzen, schmälert die Bedeutung der menschlichen Wahlfreiheit oder der individuellen Variabilität in keiner Weise. Wir müssen uns nur im klaren darüber sein, daß die Anziehungskraft von Drogen zum Teil biologisch bedingt ist; unter dieser Voraussetzung ist es nahezu unmöglich, sich die gesellschaftlichen Voraussetzungen vorzustellen, die die Attraktivität dieser Substanzen völlig aufheben würden.

Stanton Peele ist sehr überzeugt, daß ein Zusammenhang zwischen persönlichen und sozialen Belastungen einerseits und Sucht andererseits besteht. Daraus folgert er, wo unsere größten Erfolgsaussichten im Umgang mit Sucht liegen. Gemeinsam mit Archie Brodsky schrieb er dazu:

> »Die besten Gegenmittel zur Sucht sind Lebensfreude und Kompetenz: Lebensfreude als Fähigkeit, die Menschen, Aktivitäten und Dinge, die uns zur Verfügung stehen, zu genießen; Kompetenz als die Fähigkeit, auf wichtige Situationen in unserem Umfeld angemessen reagieren zu können, und als die Zuversicht, daß unsere Taten für uns selbst und andere wichtig sind.«[15]

Was läßt sich in dieser Hinsicht über den Tabak sagen? Anders als beispielsweise im Falle des Heroins, kann man nur schwer glauben, daß die meisten Raucher deshalb immer weiter rauchen, weil sie ihre Welt als eingeschränkt erleben. Die meisten bewältigen ihre Umwelt recht gut, viele sind in den unterschiedlichsten Bereichen bemerkenswert kompetent, und das Rauchen hindert sie kaum daran, sich noch weiter zu entfalten. Wenn das Gefühl eines eingeschränkten Lebens ausschlaggebend für zwanghaftes Verhalten ist, dann muß in den fünfziger Jahren die Hälfte der amerikanischen Männer, gewissermaßen als Vorstufe zum Rauchen, darunter gelitten haben.

Peele weist zu Recht darauf hin, daß bei vielen Suchtformen ein Syndrom auftritt, das man als „Entwachsen" bezeichnet: Menschen, die Drogen nehmen, hören einfach damit auf, wenn sie älter werden. Die gängige Interpretation ist, daß Menschen mit zunehmendem Alter auch zunehmend Verantwortung übernehmen müssen, und daß diese Verantwortung Drogenbenutzer zur Vernunft bringt. Doch Peele schreibt: »Wenn Menschen es nicht fertigbringen, ihrer Sucht zu entwachsen … so geschieht dies, weil sie entweder nicht in der Lage sind, einem Erwachsenen gemäße Fähigkeiten zu entwickeln, oder weil sie es nicht schaffen, Teil eines normalen sozialen Netzwerkes zu werden.«[16]

Im Hinblick auf den Tabak bedeutet dies folgendes: Raucher haben erstens keine Schwierigkeiten, einem Erwachsenen gemäße Fähigkeiten zu entwickeln oder Teil eines sozialen Netzwerkes zu werden; zweitens entwachsen sie ihrer Gewohnheit nicht. Die erste Aussage spricht für sich selbst; die zweite erfordert eine Erklärung.

Auf den ersten Blick ist es nicht allzu überraschend, daß der Prozeß der Reife und des Entwachsens, der bei anderen Drogen zu beobachten ist, bei Nikotin nicht in Gang kommt. Es ist schwierig, wenn auch nicht unmöglich, heroinabhängig zu sein, und gleichzeitig ein verantwortungsbewußtes Leben zu führen, aber es ist ganz normal, zu rauchen *und* dafür zu sorgen, daß am Samstag der Rasen gemäht ist. Offenbar hat das Leben als Erwachsener wenig an sich, das Menschen dazu motivieren könnte, sich das Rauchen abzugewöhnen.

Doch wenn wir ein wenig genauer nachhaken, ist an dieser Stelle vielleicht etwas zu lernen. Wenn der Drogenmißbrauch entscheidend von sozialen, ökonomischen und persönlichen Schwierigkeiten motiviert ist, warum kommt es dann zu keinem dramatischen Wandel hinsichtlich der Vorliebe für das Rauchen, wenn Menschen älter werden? Bei diesem Übergang wird sich das Gefühlsleben zwangsläufig verändern; ökonomische Engpässe werden ebenfalls überwunden. Wenn wir Peeles Ansichten teilen, müßten wir eigentlich erwarten, daß Menschen überwiegend in jüngeren Jahren rauchen, insbesondere wenn man an die Fülle der emotionalen und wirtschaftlichen Probleme in dieser Zeit denkt.

Statt dessen können wir für das Rauchen zum einen eine relative Konstanz über alle Altersgruppen hinweg feststellen. (1985 rauchten 29 Prozent aller weißen amerikanischen Männer im Alter zwischen 18 und 24 Jahren; von den 40 bis 45jährigen rauchten 30 Prozent.)[17] Zum anderen sehen wir, daß die Raten ein wenig *ansteigen*, wenn Jugendliche zu jungen Männern heranwachsen; mit Erreichen des mittleren Lebensalters sind die Raten dann leicht rückläufig.

Ich sehe hierin ein zwanghaftes Verhalten, das in hohem Maß gegen die Kräfte einer ökonomischen und emotionalen Veränderung immun ist. Ich sehe hierin aber auch eine Art statistisches Gegenstück zu jenen NIDA-Experimenten, in denen sich Raucher durch einen einfachen Hebeldruck mit Nikotin versorgen konnten. Genau das taten sie in gleichmäßigen Abständen, indem sie in vorhersagbarer Weise über eine lange Zeit hinweg den Hebel betätigten, um an die Droge zu kommen. Gewohnheitsraucher verhalten sich ganz ähnlich, nur tun sie es ein Leben lang; wenn sie ihrem Körper mit 18 Jahren regelmäßig Nikotin zuführen, werden sie dies vermutlich auch noch mit 40 und 55 tun.

Menschen, die sich das Rauchen nicht abgewöhnen können, behalten diese Gewohnheit vielleicht auch deshalb bei, weil sie sich in verschiedenen Belangen ihres Lebens eingeschränkt fühlen. Sie behalten sie zweifellos bei, weil sie zu einem ungesunden Medium geworden ist, um mit der Umwelt in Beziehung zu treten. Doch sie rauchen auch, weil die Droge, die durch das Rauchen freigesetzt wird, in sich selbst wirksam ist. Das Nikotin kann Raucher im Falle der Einnahme sehr wirkungsvoll belohnen – und bestrafen, wenn sie es nicht nehmen. Hätte das Nikotin nicht diese Macht, so würden Menschen dem Tabak nicht lange zusprechen. Diese Macht ist größtenteils auf biologischer Ebene wirksam, und deshalb nützt es nichts, so zu tun, als würde irgendein ökonomischer Wandel oder eine Veränderung im Bewußtsein der Gesellschaft das suchterzeugende Potential von Drogen wie Nikotin aus der Welt schaffen. Dies ist für die Überlegung von großer Bedeutung, wie wir als Gesellschaft mit dem Problem des Drogenmißbrauchs umgehen sollten.

* * *

Wenn es, wie ich dargelegt habe, zutrifft, daß Menschen aus einer Vielzahl von Gründen Drogen nehmen, wobei jeder Grund seinen Teil zur Motivation der Gewohnheit beiträgt, dann folgt daraus, daß wir nicht *alle* vorhandenen Motivationen eliminieren müssen, um eine gegebenes Verhalten zu beenden; wir müssen nur einen entscheidenden Teil davon ausschalten. Wenn es ferner zutrifft, daß die Biologie dabei wichtig ist, dann sollten wir ihr eine gewisse Vorrangstellung einräumen – Forschungsprojekte über Rezeptoren, Nervenbahnen und Neurotransmitter fördern –, um herauszufinden, ob die Folgen des Drogengebrauchs vermindert werden können, wenn wir die biologische Wirkungsweise von Drogen besser verstehen. Ich glaube in der Tat, daß wir der biologischen Forschung eine sehr hohe Priorität einräumen sollten, aus dem einfachen Grund, weil allein sie in diesem Kampf wenigstens geringe Siegchancen besitzt, obwohl auch ihre Erfolgsaussichten sehr vage sein dürften.

Die wirklich relevante Frage ist jedoch: Haben wir darüber hinaus irgendwelche Möglichkeiten? Es gibt einen anderen Ansatz, der uns allerdings bestenfalls auf unserem jetzigen Kenntnisstand stehenbleiben läßt, und einen weiteren, der hilfreich zu sein verspricht, wenn auch nicht auf spektakuläre Weise. Und dann ist da noch die Biologie: Die Terra incognita auf unserer Landkarte, aber wie jedes unerforschte Territorium von potentiell großem Wert.

Was aber ist zum Scheitern verurteilt? Unterdrückende Staatsgewalt, die darauf abziehlt, Drogenverbraucher zu bestrafen und den Drogennachschub zu unterbinden. Nationen haben darin inzwischen große Erfahrung, doch nach meiner groben Zählung hat dies in unserem Jahrhundert genau einmal funktioniert: mit Opium in China nach 1949 dank der Kommunisten. (Die Strafe für einen Rückfall nach einer Drogenrehabilitation war dort die Exekution.) Die Geschichte des Tabaks ist voll von übrigens immer gescheiterten Versuchen, den Gebrauch des bitteren Krauts gewaltsam zu verbieten. Das Alkoholverbot in den Vereinigten Staaten zu Anfang dieses Jahrhunderts ist vielleicht das größte Beispiel für die Sinnlosigkeit solcher Verbote.

Das soll nicht heißen, daß Regierungsbeschlüsse keine Wirkung erzielen. Während der Prohibition haben die Amerikaner eindeutig weniger Alkohol getrunken, und die massiven staatlichen Maßnahmen, die in den Vereinigten Staaten nun gegen Drogen getroffen werden, dürften etwa ebenso viel nützen wie ein sehr undichtes Dach: Mit ihnen stehen die Dinge schlecht, aber ohne sie stünden sie noch viel schlechter.

Tatsache bleibt jedoch, daß der Drogenmißbrauch in Gesellschaften zu- und abnimmt, ohne dabei viel Rücksicht auf irgendwelche rigorosen Maßnahmen von Regierungen zu nehmen. Staatliche Gewalt, um den Drogennachschub zu unterbinden, hat bestenfalls aufschiebenden Charakter, der in Bezug auf Leben und Ressourcen ungeheuer verschwenderisch ist; es läuft auf einen Versuch hinaus, einzelne brennende Gebäude zu löschen, während wir uns eigentlich um die Ursache unserer Feuer kümmern müßten.

Bessere Aussichten auf Erfolg haben Anstrengungen, die Nachfrage nach Drogen zu reduzieren. Das Zigarettenrauchen ist hierfür ein exzellentes Beispiel. In den Vereinigten Staaten waren ab der Mitte der sechziger Jahre eine Reihe von Gesundheitsorganisationen, Regierungsbeamten und individuellen Einzelgängern so mutig, gegen die Multimillionen Dollar schwere Tabakindustrie und ihre Freunde im Kongreß aufzubegehren, um Amerikaner vom Rauchen abzubringen. Ihr Erfolg war, verglichen mit anderen Nationen, erstaunlich, und sie haben diesen Sieg vor allem dadurch errungen, daß sie die Öffentlichkeit informierten.

All diese Jahre ging es diesen Menschen in erster Linie um die Gesundheitsschäden, die das Rauchen auslöste, aber natürlich haben sie auch in hohem Maß einen *Drogenkrieg* geführt. Die gute Nachricht hierbei lautet, daß Aufklärung etwas bewirken kann. Die schlechte ist, daß ihre Macht begrenzt erscheint und nur langsam Früchte trägt. 1964 rauchten 40 Prozent der erwachsenen amerikanischen Bevölkerung, während es heute nur noch 27 Prozent sind. Der Wandel war gewaltig, was die absoluten Zahlen anbelangt, aber er läßt noch viel zu wünschen übrig. Ähnliches läßt sich auch in Zusammenhang mit vielen anderen Drogen sagen.

Wir wissen nun also etwas darüber, was Polizeigewalt und eine Drosselung der Nachfrage wahrscheinlich zur Abschwächung des Drogenproblems beitragen werden. Großenteils unbekannt ist jedoch, was die

Neurowissenschaft hierbei tun könnte. Ich gebe es lieber gleich zu: Dies ist nur eine andere Art zu sagen, daß wir mit der biologischen Forschung sozusagen die Katze im Sack kaufen. Ferner gebe ich zu, daß man durchaus daran zweifeln kann, ob sie uns überhaupt zu neuen Erkenntnissen verhelfen *könnte.*

Doch wir sollten optimistisch sein. In den vergangenen 20 Jahren wurden wirkliche Fortschritte in der Neurobiologie des Drogengebrauchs gemacht, vor allem hinsichtlich der Rezeptoren für spezifische Substanzen und der neuronalen Wege von Drogen. Ein weiteres ermutigendes Anzeichen sind neue überprüfbare Theorien zur Biologie des Drogenmißbrauchs, beispielsweise mit der Hypothese des medialen Vorderhirnbündels. (Diese Theorie erscheint besonders vielversprechend, weil sie einen einzigen Mechanismus voraussetzt, der an den meisten unserer vorrangigen Drogenproblemen beteiligt ist.)

Darüber hinaus hat die Neurobiologie bereits so etwas wie einen Erfolgsnachweis erbracht: Zwei bemerkenswerte Vorstöße in Richtung auf eine Reduktion der Nachfrage nach Drogen kamen in Gestalt des Nikotinkaugummis und des Methadons. Diese Substanzen sind zugegebenermaßen in vielen Fällen unwirksam und laufen in mancher Hinsicht vielleicht sogar unseren Zielen zuwider, doch mit ihnen sind wir erheblich besser dran als ohne sie.

Weniger erfreulich ist der Stand unseres Wissens über die Biologie des Drogenmißbrauchs. Der Teufel steckt hierbei wirklich im Detail, und Wissenschaftler, die auf diesem Gebiet der Neurobiologie arbeiten, stehen einer verwirrenden Komplexität gegenüber. Wir sind auch noch nicht annähernd in der Lage, die Wirkungen von Drogen auf einer Basisebene der Biologie zu verstehen.

Überdies könnte sich diese Aufgabe auch rein theoretisch als aussichtslos erweisen, weil ein Mittel gesucht wird – vermutlich ein pharmakologisches –, das Menschen dazu bringt, etwas abzulehnen, das sie sich doch offensichtlich so sehr wünschen: nämlich in eine Hochstimmung versetzt zu werden. Der Wunsch nach einer magischen Kugel ist in menschlichen Angelegenheiten stets gegenwärtig, doch in diesem Fall ist die Suche danach wohl deshalb töricht, weil wir hier keinen unpersönlichen Feind wie den Poliovirus, sondern eine menschliche Sehnsucht selbst bekämpfen.

Darüber hinaus steht zu befürchten, daß jeder Fortschritt, den die Wissenschaft auf diesem Gebiet erreichen mag, einfach von der anderen Seite benutzt werden wird – von illegalen Drogendesignern und anderen Unternehmern im Suchtgeschäft. Dies war in der Vergangenheit zweifellos bereits der Fall: Heroin wurde erstmals um die Jahrhundertwende durch die Firma Bayer (richtig, den Aspirinkonzern) in großem Stil hergestellt und vertrieben, Bayer handelte zum Teil in dem ehrlichen, aber irrigen Glauben, die neue Droge könnte helfen, die Morphiumsucht zu heilen. Demnach läuft die wissenschaftliche Forschung auf diesem Gebiet auf eine Art pharmakologischen Wettlauf hinaus, bei dem sich der gute Wille besiegt.

Schließlich wirft dieses Thema Fragen der sozialen Kontrolle auf. Es ist eine Sache, *Ersatzstoffe* für Drogen, wie den Nikotinkaugummi oder das Methadon, zu entwickeln. Eine ganz andere Sache ist es jedoch, Prozesse oder Substanzen zu entwickeln, die menschliche Wünsche verändern. Möchten wir das wirklich, ungeachtet aller Wohltaten, die damit verbunden sein mögen?

Dies sind ernste Herausforderungen, doch es steht keineswegs fest, daß sie unmöglich zu bewältigen sind. (Warum sollten wir nicht eines Tages über eine Substanz verfügen, die Menschen funktionsfähig bleiben läßt, ihnen nicht schadet und sie zufriedenstellt?) Trotz dieser Schwierigkeiten glaube ich, daß wir uns bemühen sollten, zu einem tiefen Verständnis der biologischen Aspekte der Sucht zu gelangen, weil dies die erwähnten Vorteile mit sich bringen könnte. In praktischer Hinsicht trete ich hier für die strategische Entscheidung ein, das Gehirn als das primäre Schlachtfeld im Krieg gegen Drogen zu betrachten. Vor diesem Hintergrund könnte die Gesellschaft meiner Meinung nach damit beginnen, ihre Gelder in diesem Kampf sinnvoller einzusetzen. (Es ist klar, daß wir dies gegenwärtig nicht tun: Im Jahre 1991 dürften schätzungsweise 70 Prozent aller vom amerikanischen Kongreß bewilligten Mittel gegen den Drogenmißbrauch für die Unterbindung des Drogennachschubs aufgewendet worden sein.)[18] Zudem kann die Neurobiologie des Drogenmißbrauchs, quasi als Abfallprodukt, Erkenntnisse zu vielen Bereichen menschlicher Krankheiten liefern – das Parkinson-Syndrom und die Alzheimer-Krankheit fallen einem ein –, gerade so, wie die Arbeit über AIDS erheblich zum Verständnis des Immunsystems des Körpers beigetragen hat. Neben diesen praktischen Motivationen sollten wir uns außerdem aus zwei Gründen bemühen, das Wissen um neurobiologische Zusammenhänge zu erlangen; beide haben mit den menschlichen Möglichkeiten und Wünschen zu tun.

Süchtigsein ist eine Vorstellung, die erschreckend und faszinierend zugleich ist, da sie außerhalb der Erfahrung der meisten Menschen liegt. Wir können beschließen, eine Zigarette zu rauchen oder ein Buch zu lesen, doch nur die Zigarette kann unsere Aufmerksamkeit *fordern*. Sucht hat mit Macht zu tun, mit der Aufgabe des Willens, mit dem Verlust eines autonomen Selbst. Weil dieses Drama überall stattfinden kann – in romantischen Beziehungen beispielsweise –, ist es nicht überraschend, daß wir uns immer wieder der Sucht als *Konzept* zuwenden, wenn wir Phänomene beschreiben, die nichts mit chemischen Substanzen zu tun haben. Doch es sind die Drogen, zu denen wir unweigerlich zurückkehren, wenn wir unsere Auffassung von Sucht definieren, wobei wir andere zwanghafte Verhaltensweisen in dem Maß als „süchtig" bezeichnen, in dem sie einer Drogenabhängigkeit gleichen.

Leider ist es in unserer Gesellschaft üblich, über noch kleinere „Suchtformen" – wie der nach Schokolade oder nach Opern – mit ebenso viel Stolz wie Verlegenheit zu sprechen; mit dem Gefühl, daß es nur allzu menschlich ist, wenn man dazu getrieben wird, etwas zu tun. Auf diese Weise entsteht im modernen Amerika ein Bild von Sucht, welches der wirklichen Sucht den Anschein der Attraktivität verleiht; dies gilt besonders für junge Leute, die sich übermäßig vom Image beeindrucken lassen. Zu spät lernen manche, daß eine echte Sucht keine kleine Schwäche ist, wie zu dick aufgetragener Lippenstift, sondern ein elender Zustand.

Nur allzu menschlich? Im Extremfall bedeutet Drogenabhängigkeit oft nicht nur den Verlust eines autonomen Selbst; sie bedeutet den Verlust eines Selbst überhaupt. Es gibt eine Redensart unter Süchtigen, daß tief in der Sucht alle Drogenabhängigen dieselbe Person werden. Es gibt dann nur ein Bedürfnis; es gibt nur eine Gruppe von Tätigkeiten, die ausgeführt werden muß; es gibt nur eine Reaktion, um das Bedürfnis zu befriedigen. Persönlichkeit, Intellekt, unterschiedliche Interessen – all die Dinge, die uns zu Menschen machen – werden schließlich vom Sog eines einzigen Lebenszwecks verschluckt.

Mit Nikotin verhält es sich in dieser Hinsicht nur deshalb anders, weil es legal ist, einen geringeren Toleranzeffekt hat und seine unmittelbaren Auswirkungen weniger zerstörerisch sind. Doch trotz dieser Unterschiede können wir das beschriebene Phänomen auch beim Tabakgebrauch andeutungsweise erkennen. Bedenken Sie, daß seit Jahrhunderten annähernd ein Drittel der Bevölkerung täglich und immer wieder *sich selbst* und die übrigen zwei Drittel mißachtet, indem es die Luft verpestet und schwarzen Saft auf jeden nur erdenklichen Flecken Erde spuckt. Tabakkonsumenten verletzen rücksichtslos ihr eigenes Gefühl des menschlichen Anstands und werden zu einer Art spuckender, speiender Automaten, weil ihr Bedürfnis nach Tabak derart stark ist.

Das Phänomen des Drogenmißbrauchs ist in einer Hinsicht wohl deshalb entstanden, weil wir Menschen als Spezies nur halbklug waren. Klug genug, um vor mehr als tausend Jahren zu erkennen, daß Opium im Krankheitsfall Schmerzen lindern kann, aber nicht klug genug, um diesen Erlöser, den wir gefunden haben, unter Kontrolle zu halten. Klug genug, um uns mit Nikotin zu beruhigen, aber nicht klug genug, um zu erkennen, daß diese Entspannung ihren Preis hat. Klug genug, um Morphium und Kokain aus Pflanzen zu gewinnen, die uns die Natur liefert, aber nicht klug genug, um ihre wunderbare Kraft ausschließlich für gute Zwecke einzusetzen.

Nun aber haben wir eine Chance, gänzlich klug zu sein. Wir haben eine Chance, sicherzustellen, daß all die Dinge, die wir als zutiefst menschlich betrachten – den freien Willen, die Individualität und Moral – nicht von den widersprüchlichen Impulsen erstickt werden, die ihren Sitz tief in unserem Schädel haben. Es ist nun einmal so, daß die wirksamsten biologischen Effekte der meisten mißbräuchlich verwendeten Drogen genau dort auftreten, also in den primitiven Teilen unseres Gehirns, die noch auf unsere reptilartigen Vorfahren zurückgehen. Was wir nun leisten müssen, um die Wirkungen dieser Drogen in den Griff zu bekommen, wird sich jedoch im Großhirn abspielen, dem Gipfelpunkt menschlicher Entwicklung. Dies ist ein Wettlauf, den wir bestreiten sollten, um zu beweisen, wer wir sind.

Anhang A: Ratschläge zum Abgewöhnen

Dieses Buch befaßt sich hauptsächlich mit den theoretischen Aspekten des Rauchens: Ratschläge wurden bisher nicht geboten. Es ist zwar seltsam, die Pferde zu wechseln, wenn man den Fluß bereits so weit durchschritten hat, doch es kam mir fast lächerlich akademisch vor, ein Buch zu schreiben, das sich so detailliert damit auseinandersetzt, warum Menschen rauchen, ohne auch nur ein Wort über den vielleicht entscheidendsten Punkt zum Thema zu verlieren: Wie gewöhnt man sich das Rauchen ab? (Ein Mann, den ich einmal in Kansas kennengelernt hatte, hätte gesagt: Jemand, der ein Buch über das Rauchen schreiben kann, das diese Information nicht enthält, ist wie ein Bart ohne Kopf.)

Ich sollte vielleicht anmerken, daß entsprechende Ratschläge darauf hinauslaufen, Wahrscheinlichkeitsrechnungen aufzustellen; niemand kann mit Sicherheit sagen, welche Techniken bei einer bestimmten Person zum Erfolg führen werden. Da keine zwei Personen aus genau denselben Gründen *gewohnheitsmäßig* rauchen, ist es auch nicht überraschend, daß man wohl auch keine zwei Personen findet, die auf ein- und dieselbe Weise vom Rauchen losgekommen sind. Die Wissenschaft kann nur eine Basis anbieten, auf der dann Wetten abgeschlossen werden können: Wenn Sie dies tun, werden Sie wahrscheinlicher mit dem Rauchen aufhören können, als wenn Sie jenes tun.

Die wissenschaftliche Forschung hat schon vor Jahren verkündet, daß man von keiner Methode zum Abgewöhnen – egal ob Verhaltensdekonditionierung, Anti-Nikotin-Tabletten oder was auch immer – erwarten könne, sie allein werde diese Gewohnheit brechen. Und wie sich gezeigt hat, ist es auch unwahrscheinlich, daß irgendeine einzelne Technik so wirkungsvoll sein kann wie eine ganze Kombination von Techniken.

Doch welche Kombination? Da liegt der Haken. Bis jetzt hat sich kein Spitzenkandidat herauskristallisiert, und wegen des höchst individuellen Zusammenspieles von Selbst und Rauchen, über das wir gesprochen haben, scheint es unwahrscheinlich, daß sich jemals einer finden lassen wird. Ich habe daher eine Reihe von Techniken aus der wissenschaftlichen Literatur ausgewählt, von denen ich glaube, daß sie gut zusammenpassen. Dabei habe ich nicht alle Möglichkeiten abgedeckt; Es gibt viele gutbegründete Ansätze, die unerwähnt geblieben sind. Ich habe sie einfach deshalb weggelassen, weil ich keine unübersichtliche Ideenliste aufstellen wollte. Tatsächlich könnte die Liste von Ratschlägen, die ich hier präsentiere, Leser bereits überfordern. Für denjenigen, der sich das Rauchen abgewöhnen will, könnte dieser Akt allein als derart heroisch erscheinen, daß nicht noch mehr von ihm gefordert werden sollte.

Bedenken Sie deshalb, daß es nicht notwendig ist, bei jedem Entwöhnungsversuch, *alle* Mittel einzusetzen, die ich vorschlage. Suchen Sie sich aus, was Ihnen zusagt. Der erste Grundsatz ist tatsächlich, daß der Weg in die Freiheit allein Sache des Rauchers ist. Er muß ihn selbst wählen. Und zwar deshalb, weil Rauchen *keine* Krankheit und kein Zustand ist, sondern eine menschliche Verhaltensweise. Als solche kann es auch unter menschliche Kontrolle gebracht werden. Und es sind stets dieselben Elemente, die den Entwöhnungsprozeß prägen: Ein Mensch, eine Sucht und ein Entschluß, der Mut und Intelligenz verlangt, und zwar in aller Regel über eine lange Zeit hinweg.

Als erstes möchte ich jedem Menschen, der mit dem Rauchen aufzuhören versucht, sagen: Sie schaffen es. Millionen von Menschen haben es geschafft, und sie alle waren weder „abhängiger" noch klüger oder entschlossener, als Sie es sind. Sie werden sich selbst nur Gutes tun, wenn Sie das im Hinterkopf behalten. Was Millionen anderen gelingt, das gelingt *Ihnen* auch. Warum sollte es anders sein? Bilden Sie sich nicht ein, Sie seien schlechter als andere. Ich möchte Ihnen empfehlen, über diesen Aspekt nicht leichtfertig hinwegzugehen, als würde der „richtige" Rat erst noch folgen, sondern darüber nachzudenken und ihn zu beherzigen; verinnerlichen Sie ihn, das ist wichtig.

Als nächstes möchte ich Ihnen sagen, daß Sie keinen Entwöhnungsversuch als die alles entscheidende Schlacht ansehen sollten, mit deren Ausgang Ihr Schicksal unweigerlich verbunden ist. Die Wahrscheinlichkeit ist hoch – sehr hoch –, daß Sie mehrere Anläufe brauchen, bis Sie schließlich vom Nikotin loskommen. Für die meisten Menschen ist es einfach verdammt schwierig, nicht mehr zu rauchen. Doch mit der Entwöhnung verhält es sich nicht anders als mit jedem anderen schwierigen Vorgang: Sie ist leichter zu meistern, wenn man lernwillig ist und viel übt. Und *so* sollten Sie jeden Versuch, das Rauchen einzustellen, betrachten: als Lernerfahrung. Nach einem ehrlichen Versuch wieder rückfällig zu werden, ist kein größerer „Fehlschlag", als beim ersten Versuch auf dem Golfplatz den Ball nicht richtig zu treffen.

Tatsächlich ähnelt dieser ganze Prozeß dem Erlernen einer *guten Golftechnik*. Was brauchen Sie dazu? Sie müssen den Abschlag, einen guten Annäherungsschlag auf das Grün und Geschicklichkeit beim Putten entwickeln. Außerdem müssen Sie lernen, wie man Fallen umgeht, etwa den Teich, Unebenheiten im Gelände und Bäume, von denen wir ja bereits gesprochen haben.

Beim Aufhören mit dem Rauchen ist es nicht anders. Sie müssen lernen, was funktioniert und – ebenso wichtig – was nicht funktioniert; Sie müssen lernen, was Sie in eine schwierige Situation bringen wird, in der Sie wahrscheinlich wieder rauchen werden.

Jeder Versuch, das Rauchen aufzugeben, kann der erfolgreiche sein, und jeder Versuch sollte mit der Vorstellung unternommen werden, daß dauerhafte Abstinenz ein erreichbares Ziel ist. Falls Sie dieses Ziel aber nicht auf Anhieb erreichen, denken Sie daran, daß Sie sich in *guter* Gesellschaft befinden; an Ihnen ist nichts „verkehrt", nur weil Sie bei einem bestimmten Anlauf keinen Erfolg hatten. Holen Sie aus solchen vergeblichen Bemühungen heraus, was Sie können – und das kann sehr viel sein. Wann waren Sie versucht zu rauchen? Warum wurden Sie zum Rauchen verleitet? Was können Sie daraus für Ihren nächsten Versuch lernen? (Dieser sollte übrigens bald unternommen werden.) Die Erfahrung, die vor Ihnen bereits Hunderte anderer gemacht haben, lehrt, daß es für Raucher, denen ein „Ausrutscher" passiert, absolut nutzlos ist, sich Vorwürfe zu machen. Die meisten Raucher, die schließlich ihre Sucht besiegen, durchleben zunächst eine gewisse Zeit, in der sich Phasen des Rauchens und des Nichtrauchens abwechseln. Dies könnte genauso gut Ihre Erfahrung sein; lernen Sie daraus.

Jeder, der erwägt, mit dem Rauchen aufzuhören, steht vor der Frage: Versuche ich das im Alleingang, oder nehme ich Hilfe in Anspruch? Vielleicht hilft es Ihnen weiter, wenn ich Ihnen sage: 85 bis 95 Prozent aller Raucher versuchen ohne fremde Hilfe vom Tabak loszukommen. Andererseits ist die Rückfallquote, bezogen auf einen Zeitraum von zwölf Monaten, bei Menschen, die allein versuchen sich das Rauchen abzugewöhnen, etwas höher als bei jenen, die professionelle Hilfe in Anspruch genommen haben. Da wir hier von Wahrscheinlichkeiten sprechen, würde ich zu folgendem raten: Unternehmen Sie Ihre ersten Versuche alleine. Wenn Sie aber schon mehrere gescheiterte Anläufe hinter sich haben, sollten Sie ruhig daran denken, es beim nächsten Mal unter professioneller Aufsicht zu probieren.

Wenn Sie es im Alleingang versuchen wollen, sind gewisse Vorbereitungen zu treffen, ehe Sie das Rauchen tatsächlich einstellen. Sie sollten sich zunächst fragen: Wie *sehr* will ich das eigentlich? Wenn die Antwort lautet, daß es Ihnen nur so in den Sinn gekommen ist, oder daß Sie nichts dagegen hätten, mit dem Rauchen aufzuhören, wäre es vielleicht besser, Sie würden es sich noch einmal überlegen und warten, bis Ihr Wunsch stärker geworden ist. Die Motivation kann wichtig sein, und Sie könnten sich einen schlechten Dienst erweisen, wenn Sie sich nur halbherzig engagieren. Wenn aber Ihr Wunsch, sich das Rauchen abzugewöhnen, nur schwach ist, und sich daran über eine längere Zeit hinweg nichts ändert, dann sollten Sie sich wohl einen Ruck geben und einen Versuch unternehmen, da in diesem Fall ein Zeitpunkt so gut ist wie der nächste.

Sie sollten sich auch fragen: *Warum* möchte ich aufhören? Die verschwommene allgemeine Ansicht, Rauchen sei schlecht für die Gesundheit, wird hier nicht genügen. Nehmen Sie ein Stück Papier, und schreiben Sie auf, aus welchen Gründen Sie gerne aufhören möchten. Wird die Situation am Arbeitsplatz dadurch einfacher? Werden Sie attraktiver? Wie steht es mit den Kosten? Machen Sie sich Sorgen, wie sich Ihr Rauchen wohl auf Ihre Kinder auswirken wird? Denken Sie über alle diese Dinge nach, und schreiben Sie sie auf; machen Sie sich klar, warum Sie diesen Versuch unternehmen wollen.

Betrachten Sie das Ganze als einen Wettstreit, einen Kampf; Sie haben einen Gegner: das Rauchen. Wie bei jedem Wettkampf ist es günstig, wenn man soviel wie möglich über die Gegenseite weiß, bevor man sich in die Arena stürzt. Was wissen Sie über Ihre eigenen Rauchgewohnheiten? Wann rauchen Sie die erste Zigarette am Tag? Welche Zigaretten brauchen Sie im Laufe des Tages wirklich dringend, welche empfinden Sie einfach nur als angenehm, und welche sind Ihnen relativ gleichgültig? Wo rauchen Sie Zigaretten? Lernen Sie Ihre eigenen Rauchgewohnheiten kennen; schreiben Sie auf, wie viele Zigaretten Sie während des Tages rauchen, wann und wo sie geraucht werden, und wie sehr Sie sie jeweils gebraucht haben. Wie verläuft die Kurve Ihrer Gewohnheit? Wann steigt und wann fällt sie? Es kann Ihnen nur nützen, wenn Sie mehr darüber wissen.

Was sollten Sie bei Ihrer Vorplanung sonst noch berücksichtigen? Denken Sie daran, was sich in Ihrem Leben alles ändern wird, und in welchem Zusammenhang diese Veränderungen mit dem Entschluß stehen, nicht mehr zu rauchen. Unter anderem werden Sie das Problem haben, an Gewicht zuzunehmen; folglich ist es offenbar keine gute Idee, ausgerechnet um die Weihnachtszeit mit dem Rauchen aufzuhören. Streß wird vermutlich ein *großer* Feind Ihrer Bemühungen sein, also sollten Sie sich vielleicht nicht gerade in jenen Wochen das Rauchen abzugewöhnen versuchen, in denen Sie beruflich ein größeres Projekt zum Abschluß bringen müssen.

Desweiteren dürfte es ratsam sein, eine Technik einzusetzen, die als „Ausschleichen" bekannt ist. Dies bedeutet einfach, daß Sie Ihre Nikotinmenge allmählich reduzieren, indem Sie über einen Zeitraum von sagen wir drei Wochen hinweg mehrmals die Zigarettenmarke wechseln und jedesmal eine Sorte mit niedrigeren Teer- und Nikotinwerten wählen; so steuern Sie auf jenen Tag zu, an dem Sie schließlich ganz mit dem Rauchen aufhören.

Nun können Raucher, wie wir gesehen haben, den Effekt von Zigaretten mit niedrigem Teer- und Nikotingehalt umgehen, indem sie die Perforationslöcher um den Filter zuhalten, länger und tiefer inhalieren, die Zigarette bis dicht an den Filter aufrauchen und so weiter. Auch mit den besten Absichten werden Sie wahrscheinlich einige dieser kompensierenden Verhaltensweisen entwickeln. Dennoch sollten Sie in der Lage sein, die Menge des aufgenommenen Nikotins nach und nach zu reduzieren, indem Sie Zigaretten mit niedrigeren Teer- und Nikotinwerten kaufen.

Wie können Sie das Ausschleichen errechnen? Verwenden Sie ein Prozentsystem. Sehen Sie sich die Teer- und Nikotinwerte Ihrer Zigarettenmarke an. In der ersten Woche des Reduzierungsprozesses kaufen Sie sich dann eine Sorte mit Werten, die um 30 Prozent niedriger liegen, in der zweiten Woche gehen Sie um 60 Prozent und in der dritten um 90 Prozent herunter. (Das alles setzt voraus, daß Sie nicht bereits „ultraleichte" Zigaretten rauchen, die Ihnen nicht viel Spielraum lassen, um Schadstoffwerte zu reduzieren.) Dadurch wird Ihnen nicht nur der Übergang in die Abstinenz leichter fallen, sondern Ihr Rauchverhalten wird Ihnen auch viel bewußter werden (wann Sie sich am meisten nach einer Zigarette sehnen und so weiter).

Es gibt eine Technik, die Ihnen bewußt machen kann, wie schmutzig das Rauchen ist. Machen Sie in den beiden Wochen, ehe Sie endgültig zu Rauchen aufhören, folgendes: Werfen Sie alle Ihre Kippen in ein Glasgefäß, und füllen Sie es nach etwa einer Woche bis zur Hälfte mit

Wasser auf. Werfen Sie weiterhin, und zwar bis zu dem Tag, an dem Sie das Rauchen einstellen, Ihre Zigarettenkippen hinein, und stellen Sie das Gefäß für einige Zeit an einen gut sichtbaren Platz. Sein bezaubernder Anblick wird Sie beflügeln, abstinent zu bleiben.

Als nächstes möchte ich Ihnen raten: Gehen Sie zu Ihrem Arzt, und lassen Sie sich ein Rezept für Nikotinkaugummi ausstellen. Während ich dies schreibe, ist in der Wissenschaft eine Debatte über die Wirksamkeit dieses Produkts im Gange, doch zwei seiner Vorteile scheinen unstrittig zu sein: Es wird wahrscheinlich Ihre Entzugssymptome mildern, und es dürfte die Gewichtszunahme, die Sie erfahren werden, zumindest hinauszögern. (Der Nikotinkaugummi wird besonders dann helfen, eine Gewichtszunahme zu verlangsamen, wenn Sie vorwiegend rauchten, während Sie einer Tätigkeit nachgingen.) Das sind keineswegs belanglose Auswirkungen; ein großer Teil der Raucher kommt nicht über die ersten wenigen Tage des Entzugs hinaus, und der Nikotinkaugummi könnte dies ändern. Es ist die Kombination der Entzugserscheinungen, die viele Menschen nach einer kurzen Abstinenz sehr schnell wieder zur Zigarette greifen läßt. Sie werden wohl auch trotz des Nikotinkaugummis noch genug Probleme haben; es ist nicht nötig, daß Sie diese verschlimmern.

Ihr Arzt wird Ihnen sagen müssen, wie Sie den Nikotinkaugummi dosieren sollen – wieviel Stück in welchen Zeitabständen und so weiter. Geben Sie sich nicht mit einem 15-Sekunden-Vortrag am Telefon zufrieden; suchen Sie Ihren Arzt persönlich auf, oder bitten Sie ihn, Sie anzurufen, wenn er genügend Zeit hat, um Ihnen alles so genau und ausführlich wie möglich zu erklären. Je besser Sie über seinen Gebrauch Bescheid wissen, um so wirkungsvoller kann Ihnen der Nikotinkaugummi helfen.

Wenn Sie den Nikotinkaugummi verschrieben bekommen, nehmen Sie ihn auch regelmäßig. Dieser Rat ist nicht so lächerlich, wie er klingt; viele Menschen scheinen den Nikotinkaugummi zu erhalten und ihn dann nicht zu kauen. Zweitens, das Nikotin gelangt durch die Mundschleimhaut in den Blutkreislauf und nicht durch den Magen. Es nützt nichts, wenn Sie den Speichel sofort hinunterschlucken. Drittens, praktisch alles außer Leitungswasser, das Sie essen oder trinken, ehe Sie den Gummi kauen, wird ihn relativ unwirksam werden lassen. (Kaffee, kohlensäurehaltige Getränke oder Fruchtsäfte erzeugen eine pH-Umgebung im Mund, die verhindert, daß das Nikotin resorbiert wird.) Warten Sie 15 Minuten, wenn Sie irgend etwas gegessen oder getrunken haben, bevor Sie zum Kaugummi greifen, und trinken Sie selbstverständlich nichts, *während* Sie kauen.

Setzen Sie in Ihrer Vorbereitungsphase einen bestimmten Tag fest, an dem sie das Rauchen aufgeben werden, und spielen Sie dann nicht damit herum. Dieser Tag bedeutet etwas; Sie sollten sich entsprechend verhalten. Vielleicht möchten Sie Ihre Absicht auch öffentlich bekanntgeben, um deutlich zu machen, daß es Ihnen ernst ist: Erzählen Sie einigen Freunden oder Arbeitskollegen, daß und wann Sie mit dem Rauchen aufhören wollen.

Schließlich könnten Sie diesen Menschen nicht nur Ihre Absicht mitteilen, sondern einige davon auch um Unterstützung bitten. Wenn Sie Ihrem Ehepartner, Freund oder Kollegen schon erzählen, daß Sie die Absicht haben, das Rauchen aufzugeben, dann lassen Sie diese Menschen ruhig auch wissen, daß Sie möglicherweise für eine gewisse Zeit ab und zu gereizt, zerstreut und vielleicht auch deprimiert sein werden und für ihr Verständnis dankbar wären. Es ist wissenschaftlich erwiesen, daß diese Art von Unterstützung zum Erfolg beitragen kann; warum also darauf verzichten?

Wer sich nicht mit der Idee anfreunden kann, um Unterstützung zu bitten, der merke sich folgendes: Bei Ihrem Vorhaben werden Sie mit Klugheit viel weiter kommen als mit Stärke. Willenskraft ist zwar wertvoll, aber wahrscheinlich die *unwichtigste* Waffe in jedem Arsenal gegen das Rauchen. Bei der Aufgabe, die Sie bewältigen müssen, werden Sie mit Willenskraft allein nichts erreichen, und Willenskraft gepaart mit anderen Eigenschaften wird Sie auch nicht sehr viel weiter bringen. Stellen Sie sich das so vor: Sie müssen einen Schubkarren voller Ziegelsteine transportieren. Sie könnten natürlich versuchen, die Karre zu *tragen*, aber Sie werden wahrscheinlich weiter kommen, wenn Sie sie auf dem Boden entlangrollen. Ihr Ziel ist, das Rauchen aufzugeben – nicht zu beweisen, wie stark Sie sind.

Diese Einsicht wird Ihnen gute Dienste leisten, wenn Sie den Tag erreichen, an dem Sie tatsächlich mit dem Rauchen aufhören. Was für eine Art Tag sollte das sein? Hier ein Vorschlag: Wählen Sie einen Tag am Wochenende, den Sie einigermaßen beschäftigt und mit angenehmen Dingen befaßt außer Haus verbringen können. Dieser Vorschlag beruht auf mehreren Grundsätzen, die Sie während Ihres ganzen Vorhabens immer wieder überdenken sollten.

Erinnern Sie sich erstens an das, was wir in Kapitel 5 besprochen haben: Manche Menschen benutzen Drogen, um in *Hochstimmung* zu geraten, doch Raucher steuern durch die Droge ihrer Wahl eine *mittlere* Stimmungslage an. Somit könnte alles, was Sie aus dieser Mittellage reißt, das Bedürfnis zu rauchen auslösen. Um zwei Extremfälle zu nennen: Eine sehr belastende Arbeitssituation wird Ihre Stimmung drükken, doch ein ausgelassener, übermütiger Abend mit Freunden wird Sie euphorisch machen. In beiden Fällen könnten Sie eine Zigarette brauchen. Sie sollten deshalb noch für eine beträchtliche Zeit, nachdem Sie das Rauchen aufgegeben haben, jede Form von emotionalen Extremzuständen, so gut es irgend geht, vermeiden. Im allgemeinen ist für Sie ein Zustand milder Entspannung und Stimulation der sicherste.

Das zweite Prinzip hat mit dem zu tun, was wir in Kapitel 10 über Verhaltenskonditionierung gesagt haben: Menschen lernen, ihr Rauchverhalten sehr eng mit bestimmten Aktivitäten oder Objekten zu assoziieren. Rauchen Sie immer, während Sie ein Kreuzworträtsel lösen? Man könnte darauf wetten, daß Sie nun jedesmal, wenn Sie über einem Kreuzworträtsel sitzen, das Bedürfnis nach einer Zigarette verspüren werden. Dasselbe geschieht, wenn Sie auf Ihrer Lieblingscouch liegen und im Fernsehen ein Fußballspiel verfolgen, falls Sie gewöhnt waren, dabei zu rauchen. Und gleiches gilt für die Autofahrt zur Arbeit.

Dies ist offensichtlich ein vertracktes Problem, weil Sie diese „verführerischen" Tätigkeiten entweder *gern* tun oder aber einfach tun *müssen*. Was können Sie also machen? Versuchen Sie, solche Gewohnheiten ein bißchen zu verändern. Setzen Sie sich in einen anderen Stuhl, wenn Sie sich ein Fußballspiel anschauen. Lösen Sie Ihr Kreuzworträtsel auf der Verandatreppe. Fahren Sie mit dem Bus zur Arbeit.

Wie Sie sehen, werden Sie einen neuen Pfad durch Ihr Leben anlegen müssen – einen Pfad, der nicht mehr mit diesem krankmachenden Mittel gepflastert ist, über das Sie mit Ihrem Umfeld in Verbindung standen. Rauchen war in dieser Hinsicht ein sehr *attraktives* Mittel; es hat Ihnen etwas gebracht. Doch das ist nun vorbei. Jetzt gibt es nur noch Sie und die Tätigkeiten und Vorgänge in Ihrem Leben – ohne Vermittler.

In praktischer Hinsicht kann das Bedürfnis zu rauchen nicht nur durch *Aktivitäten*, die mit dem Rauchen gekoppelt waren, sondern auch durch alle möglichen „Gegenstände", die einen Bezug zum Rauchen haben, ausgelöst werden. Der Anblick eines Aschenbechers kann genügen; sogar der einer Schachtel Streichhölzer. Was ist zu tun? Entfernen Sie alles aus Ihrer Wohnung und von Ihrem Arbeitsplatz, das direkt mit dem Rauchen in Verbindung steht. Natürlich werden Sie sich von Ihren Zigaretten trennen, aber verschenken Sie auch Ihr Feuerzeug, und werfen Sie Ihre Aschenbecher in den Müll.

Der Gedanke mag zwar manchmal verlockend sein, daß Menschen, die mit einem rauchenden Ehegatten oder Partner zusammenleben, eigentlich auch diesen loswerden müßten, doch die Beweise für diese

Annahme sind ein wenig schwach. Es ist nicht klar, ob sich die Erfolgschancen signifikant verringern, wenn man einen rauchenden Partner hat. Falls Sie in dieser Situation sind, sprechen Sie sich am besten vorher dahingehend mit Ihrem Partner ab, daß er oder sie in Ihrer Anwesenheit nicht rauchen wird.

Wenn man rauchende Freunde hat, ist der Rat unumwundener: Versuchen Sie, ihnen für eine Weile aus dem Weg zu gehen. Stellen Sie zumindest sicher, daß sie nicht rauchen, wenn Sie in der Nähe sind. Menschen mit rauchenden Freunden haben ein deutlich höheres Rückfallrisiko.

Das ist nicht überraschend, da Ex-Raucher in vielleicht der *Hälfte* aller Rückfallsituationen ihre Zigaretten von einem anderen Raucher bekommen. (Nicht etwa, weil ihnen eine Zigarette aufgedrängt wird; gewöhnlich bitten sie darum.) Bis zu drei Viertel aller Rückfälle treten in Situationen auf, in denen jemand in der Nähe des Ex-Rauchers raucht. Daraus sollte folgende Lehre gezogen werden: Halten Sie sich von Orten fern, an denen geraucht wird. (Bars sind geradezu ideale Fallen, denn dort wird nicht nur viel geraucht, sondern auch Alkohol getrunken, der die Widerstandskraft gegen Versuchungen schwächt.)

Sie sollten sich darüber im klaren sein, daß sich die Abstinenz wahrscheinlich in zwei ziemlich getrennten Phasen vollziehen wird: als eigentlicher Entzug, der höchstens zwei Wochen dauern dürfte, und dann als „fortgesetzte Abstinenz", die zwar vermutlich weniger schwer, in mancherlei Hinsicht aber gefährlicher ist. Während des Entzugs werden bei Ihnen wahrscheinlich einige der Symptome auftreten, die wir in Kapitel 7 besprochen haben: Schlaflosigkeit, Konzentrationsstörungen, Angstzustände und so weiter. Diese Symptome können für eine Weile mehr oder weniger konstant auftreten, und hier wird Ihnen der Nikotinkaugummi eine große Hilfe sein.

Bereits nach wenigen Tagen werden Sie jedoch vermutlich bemerken, daß diese Entzugserscheinungen abklingen. Nach einiger Zeit wird das Bedürfnis zu rauchen nur noch in größeren Zeitabständen auftreten; Ihre Entzugserscheinungen werden so weit zurückgehen, daß Sie große Zeitspannen erleben, ohne daß der Wunsch zu rauchen wie ein schleichendes Fieber über Ihnen hängt. Sie sollten jedoch daraus nicht schließen, daß Sie nun gewonnen haben, sondern vielmehr, daß Phase zwei begonnen hat.

Wenn sie sich erst einmal in dieser Phase befinden, machen viele Menschen die Erfahrung, daß sie in einem Augenblick, in dem sie keinerlei Entzugssymptome verspüren, plötzlich eine Zigarette möchten, Zugang zu einer haben und sich – peng – rauchend wiederfinden. In anderen Fällen tritt ein Rückfallsyndrom auf, das vertrauter klingt: Ein Raucher sehnt sich nach einer Zigarette und gibt seinem Bedürfnis nach.

Raucher scheinen oft zu glauben, daß die einmal aufgetretene Gier nach einer Zigarette niemals enden wird. Tatsächlich hält sie gewöhnlich nur drei bis fünf Minuten an. Denken Sie daran, wenn Sie die Sehnsucht nach einer Zigarette überfällt: drei bis fünf Minuten, und Sie haben es praktisch überstanden. Für eine so kurze Zeit können Sie beinahe alles aushalten, und der Wunsch nach einer Zigarette dürfte da keine Ausnahme darstellen.

Um Rückfälle im allgemeinen zu vermeiden, gibt es im wesentlichen zwei Strategien. Zum einen sollten Sie Situationen, die ein hohes Rückfallrisiko in sich tragen, meiden. Zum anderen sollten Sie sogenannte „Bewältigungsstrategien" entwickeln.

Der Rauchforscher Saul Shiffman stellt diesbezüglich eine Quelle des Wissens dar. Shiffman und seine Mitarbeiter unterhielten mehrere Jahre lang einen Telefondienst, der Stay-Quit Line genannt wurde und eingerichtet worden war, um Ex-Rauchern in einer Rückfallkrise zu helfen. Shiffmans Gruppe gab den anrufenden Menschen Ratschläge und konnte dabei viel über die Bedingungen erfahren, unter denen Raucher zu Rückfällen neigen, und auch darüber welche *Reaktionen* geeignet sind, um diese Rückfälle zu verhindern.

Es war bereits von einigen allgemeinen Situationen die Rede, die einen Rückfall auslösen können: extreme psychologische Zustände, das Zusammensein mit Rauchern und so weiter. Shiffman und seine Mitarbeiter waren jedoch in der Lage, einige dieser Situationen etwas genauer unter die Lupe zu nehmen.

Da ist zuerst einmal der Streß. Die Hälfte der Anrufer erzählte, daß sie in den Stunden vor ihrer Krise unter starkem Streß stand, und Streß hatte sie früher häufig dazu brachte, nicht nur an eine Zigarette zu denken, sondern sich auch tatsächlich eine anzuzünden.

Streß ist jedoch nur ein Gefühl in einer ganzen Kette negativer Gefühle, die dazu beitragen können, einen Rückfall auszulösen. Zorn, Frustration und Depression sind andere. Drei Viertel der Menschen, die Stay-Quit anriefen, erzählten von irgendeiner negativen Emotion, die ihrer Krise unmittelbar vorausging. Der Zustand des Sich-schlecht-Fühlens ist für Ex-Raucher sehr gefährlich.

Solche Emotionen sind vor allem in zwei Situationen besonders schwierig zu bewältigen: Wenn man allein zu Hause ist und nichts zu tun hat, und während der Arbeit, vor allem, wenn man unter Leistungsdruck steht. In beiden Fällen führten Angstgefühle und Frustrationen häufig zu Krisen, während die Allein-daheim-Situation zusätzlich noch mit Depressionen verbunden war.

Positive Stimmungen können jedoch ebenso gefährlich sein. Mehr als die Hälfte der Stay-Quit-Anrufer erlebte im Anschluß an Essen oder Trinken eine Rückfallkrise; fast 20 Prozent hatten Alkohol und ebenso viele hatten Kaffee getrunken. Viele dieser Situationen werden natürlich zuhause auftreten, aber eine Verabredung am Abend kann eine besonders tückische Kombination von Faktoren darstellen: Essen, rauchende Freunde und Alkohol. Wenn der Ex-Raucher sich gut fühlt, scheinen solche Hinweisreize für das Rauchen besonders wirkungsvoll zu sein.

Wenn wir diese Situationen betrachten – positive wie negative –, ist offensichtlich, daß sich die meisten nicht vermeiden lassen. Was also kann man tun?

Man muß Techniken erlernen, mit denen sich diese Krisen *bewältigen* lassen. Wie Shiffman herausfand, erlitten 70 Prozent der Ex-Raucher, die in einer Krisensituation eine Bewältigungsreaktion einsetzten, keinen Rückfall, während nur 18 Prozent der Menschen, die über keine solchen Reaktionen verfügten, abstinent bleiben konnten.

Was ist eine Bewältigungsreaktion? Shiffman teilt sie in zwei Gruppen ein: die kognitive (*Denken*) und die verhaltensbezogene (*Handeln*). Wie aber sehen solche Denkmechanismen aus? *Denken* Sie daran, wie sehr es Ihrer Gesundheit nützt, wenn Sie nicht rauchen, oder wie sehr es Ihrer Gesundheit schadet, wenn Sie rauchen. Lenken Sie sich ab, indem Sie an etwas völlig anderes denken. Gehen Sie die Gründe noch einmal durch, die Sie zum Aufhören bewogen haben.

Und die Verhaltensmechanismen? Es besteht immer die Möglichkeit der *Flucht* aus der Situation. Stehen Sie vom Eßtisch auf; verlassen Sie für eine Weile die Sitzung. (Es ist hier besser, klug zu sein als stark zu sein.) Wie wäre es, wenn Sie stets eine kalorienarme Süßigkeit dabeihätten, die Sie lutschen können? Lenken Sie sich ab, indem Sie etwas anderes tun. Spielen Sie etwas, kochen Sie etwas. Bringen Sie Ihren Körper mit einigen schweißtreibenden Übungen in Schwung.

Was diesen letzten Vorschlag betrifft, so ist erstaunlich, wie viele Fliegen mit dieser einen Klappe geschlagen werden können. Wenn Sie das Rauchen aufgeben, werden Sie wahrscheinlich (unter anderem) Probleme mit Streßsituationen, Gewichtszunahme, Schlaflosigkeit, der Arbeit und Momenten der Gier nach einer Zigarette bekommen. Ein regelmäßiges leichtes Training (Laufen oder Schwimmen) kann in allen Punkten Abhilfe schaffen. Es vermindert die Gewichtszunahme, und wir können davon ausgehen, daß es auch die Konzentration steigert, die

Schlaflosigkeit reduziert und die Stimmung verbessert – und wohlgemerkt nicht nur für eine oder zwei Stunden, sondern *allgemein*. Überdies ist Sport offensichtlich auch ein guter Bewältigungsmechanismus, denn es ist sehr schwierig, sich während des Joggens eine Zigarette anzuzünden.

Dennoch haben sportliche Übungen als Bewältigungsmechanismen nur einen begrenzten Wert, weil man sie nicht immer und nicht überall ausführen kann. Sie müssen also einige Verhaltensweisen entwickeln, die sich als Bewältigungsmechanismen eignen, fast überall und jederzeit durchführbar sind und Streß abbauen. Ich denke hier an ein tiefes, langsames Atmen mit geschlossenen Augen – wahrscheinlich das Beste bei einer unmittelbar bevorstehenden Krise – und an Meditation. Beides ist nicht schwierig durchzuführen, und beides läßt sich auch auf einem Bürostuhl praktizieren.

Rückfallkrisen treten zwar meist mit zunehmender Dauer der Abstinenz immer seltener auf, aber auch die Bewältigungsmechanismen werden anscheinend immer seltener eingesetzt. Hier müssen Sie wachsam bleiben; vielleicht schreiben Sie einige Ihrer Bewältigungsmechanismen auf und tragen sie in der Brieftasche oder im Geldbeutel bei sich. Auf diese Weise werden Sie nicht schutzlos sein, wenn Sie bereits eine gute Strecke des Weges gegangen sind.

Wie Sie sich erinnern, begann ich diese Diskussion damit, daß ich Rauchern ans Herz legte, jeden *mißlungenen* Versuch der Entwöhnung als Gelegenheit zum Lernen zu betrachten. Aus dem unlängst Besprochenen geht hervor, daß die beiden wichtigsten Fragen, die Sie im Laufe dieser Lernprozesse beantworten müssen, lauten: Wann war ich versucht zu rauchen, und welche Bewältigungsmechanismen bewahrten mich davor, dieser Versuchung nachzugeben? Je systematischer Sie Informationen zu diesen Fragen sammeln, um so vorteilhafter wird dies für Sie sein.

Schließlich besteht kein Grund dafür, daß der Ex-Raucher, der eine Zigarette raucht, unbedingt noch weitere rauchen muß. Das Rauchen einer Zigarette setzt nicht zwangsläufig einen unheilvollen Mechanismus in Gang; es wird in Ihnen keinen unkontrollierbaren Drang nach mehr Nikotin entfachen. Machen Sie sich hier nicht selbst etwas vor, nur um eine Ausrede dafür zu haben, für eine Weile wieder zu rauchen. Vergessen Sie den Vorfall, und machen Sie weiter.

Viele Dinge, die ich hier vorgeschlagen habe – keine Bars besuchen, mit dem Joggen anfangen, meditieren und so weiter – mögen ungefähr so attraktiv wie eine kalte Dusche erscheinen. Denken Sie jedoch einen Augenblick darüber nach, was Sie eigentlich tun, wenn Sie zu rauchen aufhören. Sie geben etwas auf, das Ihnen eine Reihe von Vorzügen bot: Gelassenheit, geistige Wachheit und eine schlankere Taille gehören wahrscheinlich dazu. Leider hat das Rauchen Sie auch mit körperlicher Abhängigkeit, Kosten, üblem Geruch und der Aussicht auf ein frühes Grab belastet.

Natürlich werden Sie Gelassenheit, geistige Wachheit und die anderen Dinge auch anstreben, wenn Sie das Rauchen aufgegeben haben; der Trick dabei ist, dies durch lebensverbessernde statt durch lebenserstickende Praktiken zu erreichen. Sie sollten Aktivitäten wie Sport oder Meditation nicht als bloße Beschäftigung betrachten, um sich am Rauchen zu hindern, sondern als Teil eines Wandels Ihres Selbst – eines Wandels, in dem Sie zunehmend durch gesunde statt durch pathologische Mittel zu Ihrer Welt in Beziehung treten.

Höchstwahrscheinlich werden Sie um so seltener das Bedürfnis nach einer Zigarette haben, je länger Sie abstinent bleiben, und um so seltener werden Sie auch nur auf den Gedanken kommen zu rauchen. Das Rauchen wird ein immer kleinerer Punkt in Ihrer inneren Landschaft werden, als wäre er die Silhouette einer Stadt, die Sie langsam schwinden sehen, während Sie mit einem Schiff aufs Meer hinausfahren.

Ihre Anstrengungen werden sich gelohnt haben, wenn Sie sich eines Tages in einer Situation befinden, von der Sie wissen, daß sie einmal in besonderem Maße mit dem Risiko eines Rückfalls verbunden war. Vielleicht fällt Ihnen dann nach einiger Zeit ein, daß Sie in jenem Moment nicht einmal daran *gedacht* haben, eine Zigarette zu rauchen, und daß Sie sich überhaupt nicht mehr vorstellen können, sich eine Zigarette anzuzünden. In diesem Moment dürfen Sie mit vollem Recht Freude und Stolz darüber empfinden, daß Sie jetzt das Kommando haben; daß Sie der Kapitän des Schiffes sind.

Anhang B: Nützliche Adressen

Bundeszentrale für gesundheitliche Aufklärung
Postfach 91 01 52
51071 Köln
0221/89921

Wissenschaftlicher Arbeitskreis Tabakentwöhnung e.V.
Walter-Kolb-Str. 1–3
60594 Frankfurt
069/430237

Initiative Rauchentwöhnung e.V.
Postfach 70 01 29
81369 München
089/7193423

Bundesverband der Nichtraucher-Initiativen
Carl-von-Linde-Str. 11
85716 Unterschleißheim
089/3171212

Beratungen und Kurse führen auch Krankenkassen und Volkshochschulen durch.

Literatur

Kapitel 1

1. De Las Casas, B. In: Dickson, S. A. *Panacea or Precious Bane: Tobacco in Sixteenth-Century Literature*. New York (New York Public Library) 1954. S. 106.

2. Greeley, H. In: Brooks, J. E. *The Mighty Leaf: Tobacco Through the Centuries*. Boston (Little, Brown) 1952. S. 219.

3. Newhart, B. *Introducing Tobacco to Civilisation*. Aus: *The Button-Down Mind on TV*. (Warner Brothers Records) 1962.

4. Eiser, J. R. et al. *Smokers, Non-Smokers and the Attribution of Addiction*. In: *British Journal of Social Clinical Psychology* 16 (1977) S. 329–336.

5. Ibid.

6. Russell, M. A. H. *The Smoking Habit and Its Classification*. In: *The Practitioner* 212 (1974) S. 794.

7. Jaffe, J. *Keynote Remarks*. In: *The Pharmacologic Treatment of Tobacco Dependence*. Cambridge (The Institute for the Study of Smoking Behavior and Policy, Harvard University) 1986. S. 7.

8. Russell. *The Smoking Habit*. S. 793.

9. Shiffman, S. *A Cluster-Analytic Classification of Smoking Relapse Episodes*. In: *Addictive Behaviors* 11 (1986) S. 295–307.

10. Ibid.

11. Henningfield, J. Interview mit dem Autor (18. August 1987).

Kapitel 2

1. Hunt, W. A.; Matarazzo, J. D. *Habit Mechanisms in Smoking*. In: Hunt, W. A. (Hrsg.) *Learning Mechanisms in Smoking*. Chicago (Aldine Publishing Co.) 1970. S. 74.

2. Boswell, J. *Journal of the Tour to the Hebrides*. London 1785. Zitiert in: *Arents Collection Catalogue* 4/941 (New York Public Library) S. 9.

3. Corti, E. C. Conte. *A History of Smoking*. New York (Harcourt, Brace) 1932. S. 108f.

4. Mausner, B.; Platt, E. *Smoking: A Behavioral Analysis*. New York (Pergamon Press) 1971. S. 81.

5. Weir, J. M. *Male Student Perceptions of Smokers*. In: Zagona, S. V. (Hrsg.) *Studies and Issues in Smoking Behavior*. Tuscon (University of Arizona Press) 1967. S. 151–155.

6. Chein, I. *Psychological Functions of Drug Use*. In: Steinberg, H. (Hrsg.) *Scientific Basis of Drug Dependence*. New York (Grune & Stratton) 1969. S. 19.

7. Carpenter, H. *W. H. Auden: A Biography*. London/Boston Allen & Unwin) 1981. S. 202.

8. Ibid. S. 43.

9. Freud, S. *Three Essays on Sexuality. Infantile Sexuality*. In: *The Standard Edition of the Complete Psychological Works of Sigmund Freud*. Bd. 7. London (The Hogarth Press/Institute of Psycho-Analysis) 1978. S. 182.

10. Morris, D. *Intimate Behaviour*. New York (Random) 1971. S. 195.

11. McArthur, C. et al. *The Psychology of Smoking*. In: *Journal of Abnormal and Social Psychology* 56 (1958) S. 272f.

12. Howe, M.; Summerfield, A. *Orality and Smoking.* In: *British Journal of Medical Psychology* 52 (1979) S. 85–90.

13. U.S. Patent Nr. 4461309, 24. Juli 1984. Registriert in: *Bibliography on Smoking and Health.* (U.S. Office on Smoking and Health) 1983. S. 58.

14. Heinz, B. *Cigarette Flavorings: A Key Factor in Brand Distinction.* In: *Tobacco Reporter* 109/10 (1982) S. 52 und 56. Registriert in: *Bibliography on Smoking and Health.* (U.S. Office on Smoking and Health) 1983. S. 147.

15. Hull, C. L. *The Influence of Tobacco Smoking on Mental and Motor Efficiency.* In: *Psychological Monographs* 33/3 (1924) S. 1–160.

16. Davis, R. Telefoninterview mit dem Autor (4. Oktober 1988).

17. Jaffe, A. J.; Glaros, A. G. *Taste Dimensions in Cigarette Discrimination: A Multidimensional Scaling Approach.* In: *Addictive Behaviors* 11 (1986) S. 407–413.

18. Zagona, S.; Zurcher, L. A. jr. *An Analysis of Some Psychosocial Variables Associated with Smoking Behavior in a College Sample.* In: *Psychological Reports* 17 (1965) S. 967–978.

19. As, B. et al. *Publikums Instilling til Roking au Filtersigaretter.* In: Wakefield, J. (Hrsg.) *Influencing Smoking Behavior.* Genf (International Union Against Cancer) 1969. S. 16.

20. Rose, J. E. *The Role of Upper Airway Stimulation in Smoking.* In: Pomerleau, O. F.; Pomerleau, C. S. (Hrsg.) *Nicotine Replacement: A Critical Evaluation.* New York (Liss) 1988. S. 95f.

21. Ginzel, K. H. Telefoninterview mit dem Autor (17. Oktober 1988). Siehe auch Ginzel, K. H. *The Lungs as Sites of Origin of Nicotine-Induced Skeletomotor Relaxation and Behavioral and Electrocortical Arousal in the Cat.* In: Rand, M. D.; Thurau, K. (Hrsg.) *Pharmacology of Nicotine.* Oxford; Washington, D.C. (ICSU/IRL Press) 1988. S. 269–292.

22. Sapru, H. N. et al. *Stimulation of Pulmonary J Receptors by an Enkephalin-Analog.* In: *Journal of Pharmacology and Experimental Therapeutics* 217/1 (1981) S. 228–234.

23. Laufer, B. *Tobacco and Its Use in Asia.* In: *Leaflet* 18. Chicago (Field Museum of Natural History) 1924. S. 23

Kapitel 3

1. Zackon, F. M. *Heroin: The Street Narcotic.* New York (Chelsea House Publications) 1986. S. 24.

2. Kennedy, J. *Coca Exotica.* Rutherford; New York (Farleigh Dickinson University Press, Cornwall Books) 1985.

3. Surgeon General's Report. *The Health Consequences of Smoking: Nicotine Addiction.* (U.S. Department of Health and Human Services) 1988. S. 9f.

4. Zackon. *Heroin: The Street Narcotic.* S. 31.

5. Benowitz, N. L. *Clinical Pharmacology of Nicotine.* In: *Annual Review of Medicine* 37 (1986) S. 23.

6. Ashton, H.; Stepney, R. *Smoking: Psychology and Pharmacology.* London; New York (Tavistock Publications) 1983. S. 32.

7. Mangan, G. L.; Golding, J. F. *The Psychopharmacology of Smoking.* Cambridge; New York (Cambridge University Press) 1984. S. 103.

8. Surgeon General's Report 1988. S. 595.

9. Jarvick, M. Interview mit dem Autor (21. November 1986).

10. Surgeon General's Report 1988. S. 594.

11. Benowitz, N. Telefoninterview mit dem Autor (11. August 1989).

12. Benowitz. *Clinical Pharmacology of Nicotine.* S. 24.

13. Henningfield, J. *Nicotine, An Old-Fashioned Addiction.* New York (Chelsea House Publishers) 1986. S. 76.

14. Surgeon General's Report 1988. S. 10.

15. Changeux, J.-P. *Neuronal Man.* New York (Oxford University Press) 1985. S. 52.

16. Ashton; Stepney. *Smoking: Psychology and Pharmacology.* S. 38.

Kapitel 4

1. Meade, T. W.; Wald, N. J. *Cigarette Smoking Patterns During the Working Day*. In: *British Journal of Preventive and Social Medicine* 31 (1977) S. 25–29.

2. Cooperstock, R.; Hill, J. *The Effects of Tranquillization: Benzodiazepine Use in Canada.* (Minister of National Health and Welfare) 1982. S. 46.

3. Hirsh, K. *Central Nervous System Pharmacology of the Dietary Methylxanthines.* In: Spiller, G. A. (Hrsg.) *The Methylxanthine Beverages and Foods: Chemistry, Consumption and Health Effects.* New York (Liss) 1984. S. 287.

4. Heimstra, N. W. *The Effects of Smoking on Mood Change.* In: Dunn, W. L. (Hrsg.) *Smoking Behavior: Motives and Incentives.* Washington (Winston & Sons) 1973. S. 197–207.

5. Cherek, D. R. *Effects of Cigarette Smoking on Human Aggressive Behavior.* In: *Biological Perspectives on Aggression* (1984) S. 333–344.

6. Hutchinson, R. R.; Emley, G. S. *Effects of Nicotine on Avoidance, Conditioned Suppression and Aggression Response Measures in Animals and Man.* In: Dunn. *Smoking Behavior: Motives and Incentives.* S. 171–196.

7. Surgeon General's Report 1988. S. 405.

Kapitel 5

1. Surgeon General's Report 1988. S. 108.

2. Lukas, S. E. Telefoninterview mit dem Autor (9. Februar 1989).

3. Chesire et al. 1973. Zitiert in: Mangan; Golding. *The Psychopharmacology of Smoking.* S. 125f.

4. Surgeon General's Report 1988. S. 109.

5. Cinciripini, P. M. *The Effects of Smoking on Electrocortical Arousal in Coronary Prone (Type A) and Non-Coronary Prone (Type B) Subjects*. In: *Pharmacology* (Berlin) 90/4 (1986) S. 522–527.

6. Mangan; Golding. *The Psychopharmacology of Smoking.* S. 127.

7. Lukas. Interview (9. Februar 1989).

8. Ashton; Stepney. *Smoking: Psychology and Pharmacology.* S. 102.

9. Frankenhaeuser, M. et al. *Behavioural and Physiological Effects of Cigarette Smoking in a Monotonous Situation.* In: *Psychopharmacologia* 22 (1971) S. 1–7.

10. Williams, D. G. *Effects of Cigarette Smoking on Immediate Memory and Performance in Different Kinds of Smokers.* In: *British Journal of Psychology* 71 (1980) S. 83–90.

11. Knott, V. J. *Smoking, EEG and Input Regulation in Smokers and Nonsmokers.* In: Thornton, R. E. (Hrsg.) *Smoking Behavior: Physiological and Psychological Influences.* Edinburgh; New York (Churchill Livingstone) 1978. S. 116.

12. Knott, V. J. Telefoninterview mit dem Autor (1. März 1989). Siehe auch Knott, V. J.; Venables, P. H. *Stimulus Intensity Control and the Cortical Evoked Response in Smokers and Non-Smokers.* In: *Psychophysiology* 15/3 (Mai 1978). S. 190.

13. Henningfield, J. *Annual Progress Report: Biology of Dependence and Abuse Potential Assessment Laboratory.* In: *Annual Report of the Addiction Research Center.* Baltimore (Addiction Research Center, National Institute on Drug Abuse) 1987. Telefoninterview mit dem Autor (3. August 1989).

14. Knott. Interview (1. März 1989).

Kapitel 6

1. Wesnes, K.; Warburton, M. D. *Smoking, Nicotine and Human Performance.* In: *Pharmacology and Therapeutics* 21 (1983) S. 201, 206.

2. Schachter, S. *Pharmacological and Psychological Determinants of Smoking.* In: *Annals of Internal Medicine* 88 (1978) S. 106.

3. Wesnes, K.; Warburton D. M. *The Effects of Cigarette Smoking and Nicotine Tablets Upon Human Attention.* In: Thornton. *Smoking Behavior: Physiological and Psychological Influences.* S. 132.

4. Wesnes; Warburton. *Smoking, Nicotine and Human Performance.* S. 204.

5. Andersson, K.; Hockey, G. R. J. *Effects of Cigarette Smoking on Incidental Memory*. In: *Psychopharmacologia* 52/3 (1977) S. 223–226.

6. Knott, V. *Tobacco Effects on Cortical Evoked Potentials to Distracting Stimuli*. In: *Neuropsychobiology* 13 (1985) S. 74–80.

7. Knott, V. *Tobacco Effects on Cortical Evoked Potentials to Task Stimuli*. In: *Addictive Behaviors* 11 (1986) S. 219–223.

8. Wesnes; Warburton. *Smoking, Nicotine and Human Performance*. S. 197.

9. Ibid. Siehe auch Wesnes, K.; Warburton, D. M. *Effects of Scopolamine and Nicotine on Human Rapid Information Processing Performance.* In: *Psychopharmacology* 82 (1984) S. 147–150.

10. Waller, D.; Levander S. *Smoking and Vigilance*. In: *Psychopharmacology* 70 (1980) S. 131.

11. Warwick, K. M.; Eysenck, H. J. *Experimental Studies of the Behavioural Effects of Nicotine.* In: *Pharmakopsychiatrie Neuro-Psychopharmakologie* 1 (1968) S. 145–169.

12. West, R. J.; Jarvis, M. J. *Effects of Nicotine on Finger-Tapping Rate in Non-Smokers*. In: *Pharmacology, Biochemistry and Behavior* 25 (1986) S. 727–731.

13. Connolly G. N. et al. *Use of Smokeless Tobacco in Major-League Baseball.* In: *New England Journal of Medicine* 318/19 (1988) S. 1281–1285.

14. Edwards, S. W. et al. *The Effects of Smokeless Tobacco on Heart Rate and Neuromuscular Reactivity in Athletes and Nonathletes.* In: *The Physician and Sportsmedicine* 15/7 (1987) S. 141–147.

15. Friedmann, J; Meares, R. *Tobacco Smoking and Cortical Evoked Potentials: An Opposite Effect on Auditory and Visual Systems*. In: *Clinical and Experimental Pharmacology and Physiology* 7 (1980) S. 613.

16. Woodson, P. Telefoninterview mit dem Autor (15. August 1989), und Woodson, P. P. et al. *Effects of Nicotine on the Visual Evoked Response*. In: *Pharmacology, Biochemistry and Behavior* 17 (1982) S. 915–920.

17. Surgeon General's Report 1988. S. 429. Der Bericht enthält eine ausgezeichnete Besprechung dieses Themas für das gesamte Jahr 1987, und ich habe viel daraus entnommen.

18. Ibid. S. 432.

19. Perkins, K. A. et al. *The Effect of Nicotine on Energy Expenditure During Light Physical Activity*. In: *New England Journal of Medicine* 320/14 (6. April 1989) S. 898–903.

20. Tucker L. A. *Cigarette Smoking Intentions and Obesity among High School Males*. In: *Psychological Reports* 52 (April 1983) S. 530.

21. Charlton, A. *Smoking and Weight Control in Teenagers*. In: *Public Health* (London) 98 (1984) S. 277–281. Zitiert in: Surgeon General's Report 1988. S. 436.

22. Klesges, R. C. et al. *An Evaluation of Demographic, Attitudinal, and Health Knowledge Variables on Smoking Status*. Zitiert in: Surgeon General's Report 1988. S. 437.

23. Klesges, R. *An Analysis of Body Image Distortions in a Nonpatient Population*. In: *International Journal of Eating Distortions* 2/2 (Winter 1983) S. 35–41.

24. Gunby, P. *Seeking to End Smoking's Appeal to Women, Youth*. In: *Journal of the American Medical Association* 253/20 (24.–31. Mai 1985) S. 2943.

Kapitel 7

1. Interview des Autors mit Josselyn, einer Frau mittleren Alters. Berkeley, Kalifornien (November 1988).

2. Jaffe, J. In: Goodman Gilman A.; Goodman, L. S. (Hrsg.) *The Pharmacological Basis of Therapeutics*. New York (Macmillan) 1980. S. 547f.

3. Siehe vor allem den Surgeon General's Report 1988. Kapitel 4.

4. Kozlowski, L. et al. *Nicotine Yields of Cigarettes, Plasma Nicotine in Smokers, and Public Health*. In: *Preventive Medicine* 11 (1982) S. 242.

5. Benowitz, N. L. *Health and Public Policy Implications of the 'Low Yield' Cigarette*. In: (Editorial) *New England Journal of Medicine* 320/24 (1989) S. 1619–1621.

6. Goldberg, S. R. et al. *Persistent Behavior at High Rates Maintained by Intravenous Self-Administration of Nicotine.* In: *Science* 214/4520 (1981) S. 573–575.

7. Henningfield, J. E. et al. *Cigarette Smokers Self-Administer Intravenous Nicotine.* In: *Pharmacology, Biochemistry and Behavior* 19 (November 1983) S. 887–890.

8. Jasinski, D. R. et al. *Abuse Liability Assessment in Human Subjects.* In: *Trends in Pharmacological Science* 5 (Mai 1984) S. 196–200. Henningfield, J. E. et al. *Abuse Liability and Pharmacodynamic Characteristics of Intravenous and Inhaled Nicotine.* In: *Journal of Pharmacology and Experimental Therapeutics* 234/1 (1985) S. 1–12.

9. Hatsukami, D. K. et al. *Tocacco Withdrawal Symptoms: An Experimental Analysis.* In: *Psychopharmacology* 84 (1984) S. 231–236.

10. Hughes, J. R.; Hatsukami, D. K. *Signs and Symptoms of Tobacco Withdrawal.* In: *Archives of General Psychiatry* 43 (März 1986) S. 289–294.

11. Hatsukami, D. K.; Hughes, J. R.; Pickens, R. *Characterization of Tobacco Withdrawal: Physiological and Subjective Effects.* In: Grabowski, J.; Hall, S. M. (Hrsg.) *Pharmacological Adjuncts in Smoking Cessation.* NIDA Research Monograph 53 (U.S. Department of Health and Human Services) 1985. S. 56–67.

12. Hughes; Hatsukami. *Signs and Symptoms of Tobacco Withdrawal.* S. 292.

13. Surgeon General's Report 1988. S. 200.

14. Russell, M. A. H. *Smoking Problems: An Overview.* In: Jarvik, M. et al. (Hrsg.) *Research on Smoking Behavior.* NIDA Research Monograph 17 (U.S. Department of Health and Human Services) 1977. S. 18f.

15. Hunt, W. A. et al. *Relapse Rates in Addiction Programs.* In: *Journal of Clinical Psychology* 27/4 (Oktober 1971) S. 456.

16. Schachter, S. *Recidivism and Self-Cure of Smoking and Obesity.* In: *American Psychologist* 37/4 (1982) S. 436–444. Russell, M. A. *The Nicotine Addiction Trap: A 40-Year Sentence for Four Cigarettes.* In: *British Journal of Addiction* 85/2 (1990) S. 293–300.

Kapitel 8

1. Greenblatt, D. J.; Shader, R. I. *Effects of Age and Other Drugs on Benzodiazepine Kinetics*. Zitiert in: Cooperstock; Hill. *The Effects of Tranquillization: Benzodiazepine Use in Canada*. S. 21.

2. Snyder, S. *Drugs and the Brain*. New York (Scientific American Books) 1986. S. 84–86.

3. Wise, R. A. *The Neurobiology of Craving: Implications for the Understanding and Treatment of Addiction*. In: *Journal of Abnormal Psychology* 97/2 (1988) S. 118–132.

4. Pert, A.; Clark, P. B. S. *Nicotinic Modulation of Dopaminergic Neurotransmission*: *Functional Implications*. In: Martin, W. R. et al. (Hrsg.) *Tobacco Smoking and Nicotine: A Neurobiological Approach*. New York (Plenum Press) 1987. S. 169–189. DiChara, G.; Imperato, A. *Drugs Abused by Humans Preferentially Increase Synaptic Dopamine Concentrations in the Mesolimbic System of Freely Moving Rats*. In: *Proceedings of the National Academy of Sciences* 85/14 (1988) S. 5274–5278.

5. Wise. *The Neurobiology of Craving*. S. 127.

6. Wise, R. A. *The Role of Reward Pathways in the Development of Drug Dependence*. In: *Pharmacology and Therapeutics* 35 (1987) S. 250.

Kapitel 9

1. Hughes, R. *The Fatal Shore*. New York (Vintage Books) 1988. S. 380.

2. Photiades, N. A. Brief in: *Times* of London (5. Juli 1957) S. 11.

3. Arntzen, F. I. *Some Psychological Aspects of Nicotinism*. In: *The American Journal of Psychology* 61/3 (Juli 1948) S. 424f.

Kapitel 10

1. Blumberg, H. H. et al. 1974. Zitiert in: Russell. *The Smoking Habit*. S. 791.

2. Kozlowski, L. Telefoninterview mit dem Autor (28. Oktober 1987).

3. Lal, H. et al. *Alleviation of Narcotic Withdrawal Syndrome by Conditional Stimulus.* In: *Pavlovian Journal of Biological Science* 11/4 (Oktober–Dezember 1976) S. 251–262.

4. Mangan, G. L.; Golding, J. *An 'Enhancement' Model of Smoking Maintenance?* Zitiert in: Ashton; Stepney. *Smoking: Psychology and Pharmacology*. S. 159.

5. Niaura, R. S. et al. *Relevance of Cue Reactivity* to *Understanding Alcohol and Smoking Relapse.* In: *Journal of Abnormal Psychology* 97/2 (1988) S. 133–152.

Kapitel 11

1. Zum Tragen von Sicherheitsgurten und zum unkontrollierten Trinken: Remington, P. et al. *Current Smoking Trends in the United States: The 1981–1983 Behavioral Risk Factor Surveys*. In: *Journal of the American Medical Association* 253/20 (24.–31. Mai 1985) S. 2975–2978. Zur sozialen Mobilität nach unten: Reeder, L. G. *Sociocultural Factors in the Etiology of Smoking Behavior: An Assessment*. In: Jarvik et al. *Research and Smoking Behavior*. S. 194.

2. Green, D. E. *Patterns of Tobacco Use in the United States*. In: Krasnegor, N. (Hrsg.) *Cigarette Smoking as a Dependence Process*. NIDA Research Monograph 23 (U.S. Department of Health, Education and Welfare) 1979. S. 48.

3. Smith, G. M. *Personality and Smoking: A Review of the Empirical Literature*. In: Hunt. *Learning Mechanisms in Smoking*. S. 47.

4. Siehe Kozlowski, L. T. *Psychological Influences on Cigarette Smoking*. In: Krasnegor, N. A. (Hrsg.) *The Behavioral Aspects of Smoking*. NIDA Research Monograph 26 (U.S. Department of Health, Education and Welfare) 1979. S. 101–103.

5. Hughes, J. R. et al. *Prevalence of Smoking Among Psychiatric Outpatients*. In: *American Journal of Psychiatry* 143/8 (1986) S. 993–997.

6. Glassman, A. H. et al. *Heavy Smokers, Smoking Cessation, and Clonidine*. In: *Journal of the American Medical Association* 259/19 (20. Mai 1988) S. 2863–2866.

7. Glassman, A. H. et al. *Smoking, Smoking Cessation, and Major Depression*. In: *Journal of the American Medical Association* 264/12 (26. September 1990) S. 1546–1549.

8. Anda, R. F. et al. *Depression and the Dynamics of Smoking*. In: *Journal of the American Medical Association* 264/12 (26. September 1990) S. 1541–1545.

9. Tolstoi, L. *Why Do Men Stupify Themselves? and Other Writings*. In: Murray, M. and the Editors of 24 Magazine (Hrsg.) Übers. Aylmer Maude. New York (Hankins, Strength Books) 1975. S. 55f.

10. Eysenck, H. J. *Smoking, Health and Personality*. New York (Basic Books) 1965. S. 80.

11. Ibid.

12. Eysenck, H. J. *Personality and the Maintenance of the Smoking Habit*. In: Dunn. *Smoking Behavior: Motives and Incentives*. S. 122. Eysenck. *Smoking, Health and Personality*. S. 84.

13. Stelmack, R. M. *Biological Bases of Extraversion: Psychophysiological Evidence*. In: *Journal of Personality* 58/1 (März 1990) S. 293–311.

14. Smith, B. D. *Extraversion and Electrodermal Activity: Arousability and the Inverted-U*. In: *Personality and Individual Differences* 4/4 (1983) S. 411.

15. Eysenck, H. J. et al. *Sport and Personality*. In: *Advances in Behavior Research and Therapy* 4 (1982) S. 1–56.

16. Smith. *Extraversion and Electrodermal Activity*.

17. Stelmack. *Biological Bases of Extraversion*. S. 302.

18. Associated Press Story in San Francisco *Chronicle* (11. März 1987) S. 1.

19. Eysenck, H. J. *A Note on 'Smoking Personality and Reasons for Smoking'*. In: *Psychological Medicine* 13 (1983) S. 447f.

Kapitel 12

1. Surgeon General's Report 1988. S. 566.

2. Shields, J. Zitiert in: Kety, S. S. *The Motivational Factors in Cigarette Smoking: A Summary*. In: Dunn. *Smoking Behavior: Motives and Incentives*. S. 293f.

3. Hughes, J. R. *Genetics of Smoking: A Brief Review*. In: *Behavior Therapy* 17 (1986) S. 335–345.

4. Eysenck, H. J.; Eaves, L. J. Zitiert in: Hughes. *Genetics of Smoking*. S. 336.

5. Surgeon General's Report 1988. S. 506.

6. Hannah, M. C. et al. *Twin Concordance for a Binary Trait*. II. *Nested Analysis of Ever-Smoking and Ex-Smoking Traits and Unnested Analysis of a 'Committed-Smoking' Trait*. In: *American Journal of Human Genetics* 37 (1985) S. 153–165.

7. Eysenck. H. J. *Genetic and Environmental Contributions to Individual Differences: The Three Major Dimensions of Personality*. In: *Journal of Personality* 58/1 (März 1990) S. 245–261. Bouchard, T. J. jr. et al. *Sources of Human Psychological Differences: The Minnesota Study of Twins Reared Apart*. In: *Science* 250 (1990) S. 223–228.

8. Bouchard et al. *Sources of Human Psychological Differences*. S. 227.

Kapitel 13

1. Peele, S. *The Meaning of Addiction: Compulsive Experience and Its Interpretation*. Lexington, Mass. (Lexington Books, D. C. Heath and Company) 1985. S. 28.

2. Mann, M. *Primer on Alcoholism*. New York (Rinehart) 1950. Zitiert in: Fingarette, H. *Heavy Drinking: The Myth of Alcoholism as a Disease*. Berkeley (University of California Press) 1988. S. 31.

3. Keller, M. *On the Loss-of-Control Phenomenon in Alcoholism*. In: *British Journal of Addiction* 67 (1972) S. 153–166. Zitiert in: Fingarette. *Heavy Drinking*. S. 33.

4. Fingarette. *Heavy Drinking*. S. 42.

5. Melzack, R. *Morphium und schwere chronische Schmerzen*. In: *Spektrum der Wissenschaft* 4 (1990) S. 56–64.

6. Robins, L. N. et al. *Narcotic Use in Southeast Asia and Afterward*. In: *Archives of General Psychiatry* 32 (1975) S. 955–961.

7. Zinberg, N.; Jacobson, R. *The Natural History of 'Chipping'*. In: *American Journal of Psychiatry* 133/1 (1976) S. 40.

8. Fingarette. *Heavy Drinking*. S. 100.

9. Peele. *The Meaning of Addiction*. S. 103.

10. Schuckit, M. A. *Drug and Alcohol Abuse*. 3. Aufl. New York (Plenum Medical Book Company) 1989. S. 65.

11. Allcock, C. C. *Pathological Gambling*. In: *Australian and New Zealand Journal of Psychiatry* 20 (1986) S. 259–265.

12. Whitaker, A. et al. *Uncommon Troubles in Young People: Prevalence Estimates of Selected Psychiatric Disorders in a Nonreferred Adolescent Population*. In: *Archives of General Psychiatry* 47/5 (1990) S. 487–496.

13. Benyo, R. *The Perils of Exercise Addiction*. In: San Francisco *Chronicle* (21. Januar 1991) S. E-1, und Telefoninterview mit dem Autor (12. Februar 1991).

14. Chein, I. *Psychological Functions of Drug Use*. In: Steinberg. *Scientific Basis of Drug Dependence*. Zitiert in: Peele. *The Meaning of Addiction*. S. 112f.

15. Peele, S. mit Brodsky, A. *Love and Addiction*. New York (Taplinger) 1975. Zitiert in: Peele. *The Meaning of Addiction*. S. 157.

16. Peele, S. *Diseasing of America: Addiction Treatment Out of Control*. Lextington, Mass. (Lexington Books, D. C. Heath and Company) 1989. S. 273.

17. Surgeon General's Report 1988. S. 572.

18. Jarvik, M. E. *The Drug Dilemma: Manipulating the Demand*. In: *Science* 250 (1990) S. 387.

Anhang A

Da dies ein praktischer Anhang ist, wollte ich das umständliche Zitieren der Literatur vermeiden. Ich möchte jedoch einige Autoren nennen, deren Forschungsergebnisse und Analysen mir besonders geholfen haben.

1. Carmody, T. P. *Preventing Relapse in the Treatment of Nicotine Addiction: Current Issues and Future Directions*. In: *Journal of Psychoactive Drugs* 22/2 (1990) S. 211–238.

2. Cohen, S. et al. *Debunking Myths About Self-Quitting*. In: *American Psychologist* 44/11 (1989) S. 1355–1365.

3. Coppotelli H. C.; Orleans, C. T. *Partner Support and Other Determinants of Smoking Cessation Maintenance Among Women*. In: *Journal of Consulting and Clinical Psychology* 53/4 (1985) S. 455–460.

4. Folkins, C. H.; Sime, W. E. *Physical Fitness Training and Mental Health*. In: *American Psychologist* 36/4 1981) S. 373–389.

5. Foxx, R. M.; Brown, R. A. *Nicotine Fading and Self-Monitoring for Cigarette Abstinence or Controlled Smoking*. In: *Journal of Applied Behavior Analysis* 12 (1979) S. 111–125.

6. Henningfield, J. E. et al. *Drinking Coffee and Carbonated Beverages Blocks Absorption of Nicotine from Nicotine Polacrilex Gum*. In: *Journal of the American Medical Association* 264/12 (1990) S. 1560–1564.

7. Marlatt, G. A.; Gordon, J. R. (Hrsg.) *Relapse Prevention: Maintenance Stategies in the Treatment of Addictive Behaviors*. New York (Guilford Press) 1985. Ich empfehle dieses Buch sowohl wegen seiner allgemeinen Behandlung des Themas Rückfall bei Abhängigkeit als auch wegen des Kapitels von Saul Shiffman und seinen Kollegen über die Vermeidung von Rückfällen bei Ex-Rauchern.

8. Nicki, R. M. et al. *Self-Efficacy, Nicotine-Fading/Self-Monitoring and Cigarette-Smoking Behaviour*. In: *Behavioral Research Therapy* 22/5 (1984) S. 477–485.

9. Shiffman, S.: Viele Veröffentlichungen, doch eine gute Zusammenfassung seiner Arbeit am Stay-Quit Line Projekt findet sich in: Loberg, T. et al. (Hrsg.) *Addictive Behaviors: Prevention and Early Intervention*. Amsterdam (Swets & Zeitlinger) 1989.

10. *Clearing the Air*. NIH Publication 89-1647 (U.S. Department of Health and Human Services) 1989.

11. Surgeon General's Report. *The Health Consequences of Smoking: Nicotine Addiction*. (U.S. Department of Health and Human Services) 1988. Siehe vor allem Kapitel 7, *Treatment of Tobacco Dependence*.

Ergänzende Literatur

Backhaus, M. *Raucher-Sofort-Entwöhnung.* Rastatt (Moewig) 1987.

Bundesministerium für Familie (Hrsg.) *Konsum und Mißbrauch von Suchtmitteln.* Bonn (Reha-Verlag) 1988.

Burch, P. R. *Rauchen und Krebs.* Düsseldorf (Walter Rau) 1977.

Faust, V. *Rauchen.* Hamm (Hoheneck) 1984.

Gauger, H. M. *In den Rauch geschrieben. Mitteilungen eines, der suchte, das Rauchen zu verlernen.* Frankfurt/M. (S. Fischer) 1988.

Halhuber, C. *Vom Raucher zum Nichtraucher. Das 7-Stufen-Programm.* Reinbek (Rowohlt) 1977.

Hammer, O. *Rauchen verlernen nach der Bad Nauheimer Raucherentwöhnungstherapie.* Neckarsulm (Jungjohann) 1987.

Höntsch, U. *Darf man Rauchen erlauben?* Rösrath (Wegverlag) 1986.

Lee, P. N. *Misclassification of Smoking Habits and Passive Smoking. A Review of the Evidence.* Berlin (Springer) 1988.

Luft, H. *Rauchen und Gesundheit.* Freiburg (Hyperion) 1962.

McFarland, J. W.; Folkenberg, E. J. *Wie Sie in fünf Tagen das Rauchen aufgeben.* 4. Aufl. Ramon F. Keller 1989.

Nie wieder rauchen. Abschied vom blauen Dunst. Niedernhausen (Falken) 1991. [Videocassette.]

Ohsawa, G.; Aihara, H.; Pulver, F. *Rauchen, Marihuana und Drogen.* Loer (Mahajiva) 1985.

Pechatschek, J. *16 Wege zum Nichtraucher. Ratgeber für ein nikotinfreies Leben.* Wien (Verlag Perlen Reihe) 1991.

Ritter, G. *Gegen Rauchen und Nikotinabhängigkeit.* Metzing (BIO Verlag Ritter). [Toncassette.]

Schär, M. *Nicht mehr rauchen. Fakten, Argumente, Hilfen.* 2. Aufl. Bern (Blaukreuz) 1984.

Schmidt, F. *Raucherentwöhnung. Gesundheitsschäden des Rauchens. Motivation zur Raucherentwöhnung.* Reinbek (Rowohlt) 1984.

Schnitzer, J. G. *Rauchen?* St. Georgen (Schnitzer) 1983.

Strecke, H. G. *Mord in Zeitlupe. Ein Buch nur für Nichtraucher.* Gerabronn (Hohenloher) 1981.

Trendelenburg, F.; Kessler, B. *Schluss mit dem Rauchen!* München (Humboldt).

Wetherall, C. F. *Stop. Lies dieses Buch und Stop das Rauchen.* Birnbach (Binder) 1985.

Index

L

M

N

O

P

R

S